鞋的故事：它如何塑造了我们

Women from the ankle down: The story of shoes and how they define us

[美]蕾切尔·博格斯泰因 著
Rachelle Bergstein

李孟苏　陈晓帆　译
邱超　绘

重庆大学出版社

序

Preface

它们是最新款的莱夫勒·兰达尔（Loeffler Randall）的蛇皮靴子——黑白灰混杂的纹理显得十分酷炫，鞋头是圆的，鞋弓高耸，鞋跟中粗。帕玛拉，用她自己的话来说，在“跟踪”这款鞋。“这双鞋刚一上市，”她在一个细雨蒙蒙的星期六早上，一边吃着班尼迪克蛋，一边跟我说，“它们就是我的啦。”她回忆着鞋子上金灿灿的金属件在蛇皮上闪着柔和的光芒。“这双鞋全价卖795美元，”帕玛拉接着说，话锋一转，“基本上就是我的房租钱，但是——”她的脸上露出顽皮孩子般的表情，“有时候我能说服自己，你知道吗？房租只能够我住一个月的公寓，但是这双莱夫勒·兰达尔的鞋，”她热切地说，满足地又咬了一口班尼迪克蛋，“我能永远拥有它们。”

话虽这么说，但帕玛拉知道她的逻辑并非无懈可击，不过你要知道她已经在尽力了。美丽的鞋子似乎让你不由得产生这些有创意的想法。几个月以前，克里斯汀，一位时装和配饰设计新秀，一边啜着两美元的冰咖啡——即便是这两美元的冰咖啡对她而言也挺难承受，因为对生活在纽约的艺术家来说，工作可真是虚无缥缈的事——一边说，“我正想着投资一双克里斯汀·鲁布托（Christian Louboutin）。”她说着，看着一个时髦女孩打扮得春意盎然走过街边的咖啡馆。“也许不会是新鞋，不过我已经在eBay上查那些快穿坏的二手货了。”原来，正品的鲁布托在拍卖网站上的价格可能只是正价的1/3，这让克里斯汀有机会能买到一双浅口鞋，否则她的预算根本买不起。事实上，这双鞋子不管从什么渠道买都超出了她的承受范围。但她考虑的是鞋子非金钱方面的价值。“当我出门时，我希望人们能看到我的红底鞋。”她承认，“我受够了被别人轻视。”

鞋子作为一种投资和社会货币的说法并非空穴来风，这可以追溯到古希腊时期的戏剧舞台，在那里，高阶层的角色穿着厚底鞋；到了17世纪路易十四的宫廷中也是如此，当时的法令规定，只有拥有权势的男性才可以穿红色方跟的乐福鞋。到了19世纪，北美洲苏族印第安人只允许首领穿的鹿皮鞋软底上才能有珠子镶嵌的图案。不过，当下相对较新的一点是，今天的女性有种类繁多、五花八门的鞋子可以选，它们都是可以被接受的。走进一家21世纪的鞋店，就是对决断力和克制力的考验。对于制鞋商以及今天的消费者来说，鞋子可用的材料令人眼花缭乱：光滑的磨砂皮和漆皮；柔韧的橡胶；各种人造皮革，比如塑料、聚氨酯、聚酯、PVC。而另一方面，鞋子也可以用天然的纤维材料制作，比如帆布、酒椰纤维、绳索、软木。每当促销的音乐响起，推销员开始吆喝，想买新鞋的女人就要做决定了，她是愿意花大价钱去买直接从意大利进口的、做工精良的鞋子，还是精打细算，把目标定在产自发展中国家的不那么奢侈的鞋子。到最后，她必须得搞清楚她真正想要的到底是经典的高跟浅口鞋还是精美的绑带凉鞋，是踩着不稳当的松糕鞋还是脚踏实地的平底芭蕾鞋，甚或还有实穿的牛津鞋和拷花布洛克鞋、靴筒齐膝高的靴子以及靴筒低至脚踝的靴子、坡跟鞋和玛丽・珍鞋、没有技术含量的球鞋以及高科技运动鞋……更不要提还有不同的颜色、款式，以及让每双鞋看起来与众不同的独特装饰。这些可选择的特性是美好且令人眩晕的，也难怪买鞋的人会陷入痴狂，离店时多少有点愧疚地提着好几双鞋子，她们来时可没想买这么多。（如果她们在网上购物，结果会是令人咋舌的信用卡账单，以及与快递员建立的更加友善的关系。）

这种多样性是当代鞋履行业的特质，更值得一提的是，实际上直到19世纪中期，主导着制鞋行业的定制做鞋的鞋匠们才在画鞋样时将鞋子的左右脚分开。当时只有富有的女人才穿得上各种款式和尺寸合适的鞋子，其他人买的是那种一双搞定全部的鞋子，在家里还得大孩子穿完能传递给小孩子穿。到20世纪初叶，情况发生了改变，制鞋厂有了高效的生产线，开始替代传统的鞋匠。工厂只需要很短的时间就能制出鞋子，而一个鞋匠则要花费远远超过机器的时间来选定皮子、剪样，再将它们手工缝合在一起。现代化对于以制鞋为生的慢工出细活的匠人来说，是个噩耗，但对于消费者来说，却是好消息，因为他们能够买得起价格更低廉的工业化鞋子了。而这也是社会走向快时尚的第一步。

今天，一个普通的女人往往会拥有10双、20双，甚至50双鞋子，其中有些鞋子几乎就没什么实际用处，往往被束之高阁，只是在适当的场合才为之一用。部分原因归功于鞋厂的大规模生产，另一方面也要感谢杜邦这样的业界领袖，是他们在20世纪60年代早期把价格低廉的人造材料引入市场。穿够了20世纪50年代千篇一律的鞋子，年轻的消费者愿意在风格方面做出尝试，他们开始坦然自若地穿上新潮大胆的设计，比如像高筒袜那样长及大腿的性感靴子。接下来到20世纪80年代，有了另一个重要的发展，运动鞋厂商急于推销他们的高科技产品，拉拢了一些体育明星作为超级模特为品牌站台，从此开启了明星代言的时代。最后，风水又转了回来，在20世纪80年代末期到90年代早期，这段时间里童话故事中鞋匠们带着纯手工制作的鞋子收复了失地。这些工艺高超、精美绝伦的鞋子要用不菲的价格才能买下，成为身份地位的表征——实际上在鞋履和时装世界里，体现身份地位一直都是它们的特质，只是这种特质越发变得突出，就像克里斯汀·鲁布托的红底鞋般明显。

如今，当女人挑出一双鞋来穿时，总要自觉或不自觉地在时尚精英已经为她们准备好的选择和她们对自我风格的表达之间做出决断。时尚精英们是有权有势的设计师、杂志编辑、造型师，是他们在决定哪些鞋子走上T台或登上时尚杂志。大多数的女性都已经能意识到，穿上一双马丁医生靴，或者匡威查克泰勒全明星篮球鞋，传达的信息完全不同于在餐馆里跻着一双卡洛驰（Crocs）或者脚蹬一双吉米·周趾高气扬走在人行道上。如今，是单个的个体决定她在某个具体的时刻想成为何样的人，希望她的鞋子传递出何样的信息。鞋子演化到今天，已经可以承载独特的个性，并且以一种非语言的方式精确地与世界交流。如果你问一个女人为什么爱鞋子，她会告诉你，因为鞋子很美丽，因为鞋子能让她感觉良好，因为鞋子能够让牛仔裤和T恤衫这样简单的装束转变成精心的搭配。这只道出其中一二，但能说明为什么在最近的经济衰退深谷中，整个零售行业一片愁云惨淡，鞋子的销售却一直在增长。

在当下，穿鞋是一件令人兴奋的事，这不仅因为鞋子本身充满了灵感，唾手可得，前所未有的精美，而且因为鞋子暗示了20世纪所发生的种种更深远、更有意义的现象。过去的一百多年的鞋履史，是女性以足下风光讲述的故事，并映照出一股社会潮流。这股潮流开始于20世纪第一个十年里富裕女性萌生的参政议政意识，在20世纪60年代随着妇女解放运动达到高潮，进入80年代后，又表现为女性努力争取高阶层的工作和薪酬平等的权利。流行文化把凯莉·布拉德肖推到我们面前：她是一个成功的、经济独立的单身女性，拒绝与Mr. Wrong凑合，理直气壮地用昂贵的鞋子犒劳自己。女性已经为获得更大的自由和自主做出了抗争，而且无疑取得了胜利。当女性为自己的日常生活争取到更多选择的时候，也就出现了各种各样不同种类的鞋子，这样的评述是理解当代鞋履演变的关键。对这种新的女性主义运动，文化一开始是拥抱，接着拒绝，然后是重新解释，各种鞋子风格的涌现也反映了这样的演进，并让女性能够表达她们的种种观点。流行文化则为这些社会变化提供了写照，It Girl——那些受人追捧的美和风格的楷模——告诉了我们，在每个历史时刻，什么是最被看重的。

新千年第二个十年开始之际，流行于经济崩溃时期，让人站立不稳的五英寸“恨天高”一度统领了鞋履舞台，之后鞋跟的高度开始下降。这到底是对经济情况的反映，还是时尚界里三十年河东三十年河西的简单轮回？它就像硬币的两面：鞋子如同艺术作品，不可避免地受制于它们得以出现的世界；同时它们又永远地超然世外，仿佛那些平凡世界中迸发出来的美。不同于20世纪40和50年代，那时候只有一两种鞋款占据主导地位，20世纪下半叶进入了一个多样性时代，在这个时代中，一个爱鞋的女人能尽享前所未有的选择，从“恨天高”到细矮跟，从威猛的楔形跟到纤细的尖跟，各取所需。如果你愿意，今天你可以做一个骑师，明天可以变成女魔头，这难道不是21世纪的女性最大的幸事吗？你有权利去选择——你的鞋子，你的目标，你的生活。

1

菲拉格慕和战时坡跟鞋

Ferragamo and the Wartime Wedge

（1900—1938）

1907：意大利博尼图

博尼图（Bonito）是那不勒斯东边100千米外的一个小村庄，在一条路的尽头，出入村子只有这一条路。村子里的居民只有4 500人，大多是贫穷的农民和小生意人，也有几个乡绅。菲拉格慕（Ferragamo）一大家子人就住在村子里，这家人耕种着10英亩的土地，把自己用不了的庄稼收成都得卖掉以此谋生。他们住的街对面是个小教堂和一个普普通通的乡镇鞋匠铺。萨尔瓦多·菲拉格慕（Salvatore Ferragamo）那时9岁，经常在下午时趴在鞋匠铺窗外的椅子上专注地往里看，看着路易吉·费斯特（Luigi Festa）用手捋过那些鞣好的皮子，然后仔细地剪出形状，接着把剪下的皮子包在一个木头鞋楦[1]上，再把皮子缝在一起，每个动作都一丝不苟。萨尔瓦多盯着费斯特的每个步骤，觉得心在怦怦直跳，脚尖也不住地屈伸。制鞋的过程在他内心深处总是会掀起波澜，好像他上辈子就学过一样。

就算在穷人家看来，做鞋也是下等人干的活。作为菲拉格慕家14个孩子中的老七，萨尔瓦多知道他将来得自己养活自己。他告诉父亲他想干的事儿，但令他非常失望的是，父亲告诫他说："不行，萨尔瓦多，做鞋不是体面人干的事。"萨尔

1 鞋楦是一种木质或金属质地的模具，用来模拟人脚的结构。鞋楦的形状也决定了所做鞋子的类型，例如弓部较高的鞋楦适用于有拱形斜坡的高跟鞋。今天的鞋楦通常用高强度的塑料制成，能够满足工厂大生产的需求。（作者注）

瓦多只好听从吩咐，先是跟着一个裁缝当学徒，然后是理发匠，再是木匠。但对每个工作，他都觉得索然无味，也看不出自己有什么天分。一个星期六晚上，他的母亲玛丽安东尼娅（Mariantonia）心急火燎地冲到屋里，第二天要给6岁女儿杰索菲娜（Giuseppina）举行首次圣餐礼，她得准备两双白鞋子，一双给杰索菲娜，另一双给为杰索菲娜作陪伴的大一点儿的露西娜（Rosina）。通常，大孩子穿过的鞋子给小孩子穿就能对付了，但菲拉格慕家姑娘们的白鞋子已经穿了太多次，破得不成样子，实在没法再穿去教堂。玛丽安东尼娅一整天都在敲邻居们的门，看能不能借到鞋子，但很多村民自己家都有到了参加圣餐礼年龄的女孩儿，并没有富余的可以出借。晚饭时，想到要让自家女儿穿着破得不能再破的脏鞋子去领圣餐，在那些全都穿着雪白鞋子的女孩儿中间显得那么扎眼，玛丽安东尼娅忍不住哭了。

这时，萨尔瓦多一句话也没说急匆匆赶到费斯特的鞋铺，问鞋匠要了一段便宜的白帆布、两个儿童鞋楦和一些工具，然后把这些东西藏在他家这栋3层9间屋的房子里。等到家人全都睡着了，萨尔瓦多才蹑手蹑脚地下了楼，学着费斯特的样子小心地把那些东西摆在长条凳上。此刻他觉得内心充满了期待的欣喜，他没有丝毫的犹豫，全凭着直觉让双手忙活起来。

鬼使神差般地，他知道了怎么制鞋。就在摆弄这些材料的时候，他身上那部分与生俱来的东西（天赋）振荡起来。就是这部分东西，成了他内心最可信赖的罗盘，为他的职业生涯做出了指引。

第二天清早，玛丽安东尼娅一醒来就看到4双洁白的小鞋子。在教堂的台阶上，她不住地称赞自己的儿子。到了晚上，别无选择的父亲只好让步，允许萨尔瓦多去路易吉·费斯特的鞋铺干活。这让萨尔瓦多欣喜若狂。

虽然这时的萨尔瓦多兴奋不已，但被他一直仰慕的费斯特一开始却只想让他做个小保姆，照看自己的两个孩子。而当萨尔瓦多拒绝时，他就把这个小帮工赶去应付所有的订单，自己则只是抽烟、玩儿牌、跟朋友喝酒。两年后，萨尔瓦多的父亲因为一次常规手术后的感染突然去世。萨尔瓦多这时只有11岁，却向母亲宣布说自己要离开这个小村子去那不勒斯，他要在那儿接着学手艺。玛丽安东尼娅一开始有点儿犹豫，但没多久萨尔瓦多就朝西向着海边出发了，兜里只有5个里拉。他一到那不勒斯，立刻到当地最成功的制鞋师那里去找活干。仅仅两周，萨尔瓦多学到的制鞋知识就比在费斯特那儿学到的所有东西还多。但当他索要工钱时，那位鞋匠却在他干的活上挑了个错，拒绝付给他工钱。萨尔瓦多虽然年纪尚小，不公平的待遇也让他咽不下这口气。第二天早上，他去了附近的镇子切尔维纳拉（Cervinara），他的叔叔阿历桑德罗（Alessandro）住在那儿。他向叔叔提了一个简单的请求：能不能借给他20里拉，好让他回博尼图开一家自己的鞋店？

萨尔瓦多没有意识到，那个年代，即便是米兰这样的城市对时尚也没什么关注，更不要提对鞋子的重视了。时尚之都的名号当时只属于纽约和巴黎，这两座城市就像两个目中无人的贵妇人互相别苗头，而有“光之城”美誉的巴黎拼力维系自己作为霓裳华服首要供应地的地位。相比时装，鞋子的款式和颜色很有限，强调的是大方得体，主要的色系无非是黑、棕、白。女士们穿的鞋要么是带有鞋舌能在户外遮盖脚背的低跟浅口鞋，要么是中性的观赛鞋[1]和牛津鞋，或者是像束胸一样把脚挤得窄窄的系扣或系带的爱德华式靴子。带花边或珠子的方便穿脱的浅口鞋只有在闺房里穿才得体，这是一条要严格遵守的规则（图1）。穷人家买双手工制作的鞋子是要指望穿一辈子的，而根据场合、心情或者衣服选择相配的鞋子只是高端人群才琢磨的事儿。反正那时候的裙摆经常拖到脚踝下面，所以一个女人想和邻居比拼鞋子，其结果不过只是让人看到脚尖，或者最多看到系紧了鞋带的鞋面[2]在裙摆的遮挡下闪现一下而已。

图1→p59
装饰有蕾丝、亮片的皮革高跟穆勒鞋。

1　观赛鞋，spectator shoes，牛津鞋的一种，但前面包头和后跟为深色，其他部分为浅色，尤以白色居多。（译者注）

2　鞋面是鞋的上部，用来把鞋包在脚上。例如传统的牛津鞋有两片鞋面，用鞋带系在一起；第三片盖在脚尖处，形成一个“包头”。对于凉鞋来说，鞋面可能就少到只是几根细带子。（作者注）

不过，纽约和巴黎两个城市里女性的生活方式和情趣慢慢发生了变化。在世纪之交的巴黎，年轻女孩们开始骑单车，参加某些体育活动，裙摆相应地开始升高，让她们能更自由地活动。于是，制鞋商开始制造鞋筒比较高的靴子，这样长筒袜才不会被自行车辐条刮坏或沾上泥点（图2）。因为感受到了自由和解放，一些女性甚至脱下裙装，换上一种叫“布卢姆”（bloomer）的宽松款裤装。不过，如果一位女士穿布卢姆裤时被人看到不是在骑自行车的话，还是要被遣送回家去换衣服的。十多年后，第一次世界大战造成的经济压力把裙子下摆提得更高了。显然，裙子越短，用的布料越少。这时，制鞋商们又顺应服装变化的潮流，做出的靴子筒越来越高，直到某一天时尚精英们也认可了靴子的实用性，觉得女性在日常生活中露出一段长筒袜是可以接受的。

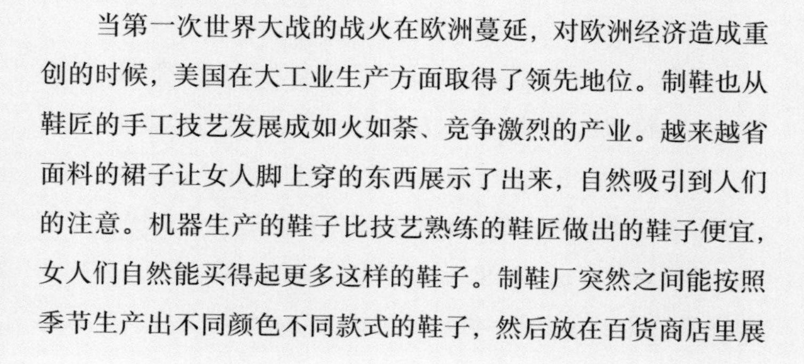

图2→p60
有 17 个珍珠嵌银纽扣的女士长靴。

当第一次世界大战的战火在欧洲蔓延，对欧洲经济造成重创的时候，美国在大工业生产方面取得了领先地位。制鞋也从鞋匠的手工技艺发展成如火如荼、竞争激烈的产业。越来越省面料的裙子让女人脚上穿的东西展示了出来，自然吸引到人们的注意。机器生产的鞋子比技艺熟练的鞋匠做出的鞋子便宜，女人们自然能买得起更多这样的鞋子。制鞋厂突然之间能按照季节生产出不同颜色不同款式的鞋子，然后放在百货商店里展示售卖，而女士们可以直接去商店购买，体会到一种触手可及的满足感，而不用苦等着鞋匠给自己交活。时尚杂志也不像之前的服装刊物那样仅靠订阅费创收，而是依赖于广告赚钱。这样，迅速发展的制鞋公司有了一个宣传自己的机会。这带来了一种景象，1918年前后的女性消费者不必再听取她家附近那个常常卑躬屈膝的鞋匠的建议，而是通过翻看时装杂志来寻找自己心仪的鞋款；也可能是在街上看到其他人穿的鞋子的样式，然后直奔到商店买下它们。女人甚至可以从电影里看到穿鞋的灵感，这可是前所未有的事。初生的电影业造就了一批迷人的影星，把她们时髦的影像投射到10英尺高的银幕上。随着汽车、电影院、收音机日渐流行，美国催生出最早期的消费文化，而女人们，无论是家庭主妇还是职业女性，都成为商家孜孜不倦地讨好和追求的对象。

但在1912年的博尼图，世界还没有发生任何变化，手工鞋匠的地位依然稳固。萨尔瓦多用阿历桑德罗叔叔给的20里拉，盘下了妈妈宅子里一间小小的没有窗户的屋子，就在村子主街和家里的厨房之间。萨尔瓦多做活儿的质量很快弥补了他店面简陋的不足，村里人口口相传，玛丽安东尼娅·菲拉格慕14岁的儿子有出息，做出的鞋子又漂亮质量又好。萨尔瓦多开始吸引到了博尼图以外的顾客，没过多久，他的店里就有了6个助手，还积累了一些忠实可靠的客户。萨尔瓦多从早到晚地工作，每周能做出20到25双鞋子。这样，他不仅还清了从叔叔那儿借的钱，甚至开始为将来攒钱了。这时，他的哥哥阿方索（Alfonso）从美国的新家回到意大利，给他带来了一些消息。

阿方索很赞赏萨尔瓦多做鞋的手艺。他自己也算得上是个做鞋专家，因为他已经在波士顿的女王品质鞋业公司（Queen Quality Shoe Company）有了份工作。他听闻弟弟的手工制品只能卖出那么可怜的价钱，便建议说："你干吗把时间浪费在博尼图干活呢？在这儿你做一双鞋挣得这么少。如果你愿意在美国干的话，一双手工鞋能挣得比这儿多得多。不过，实际上在美国没人再用手工做鞋了。"阿方索接着讲起在工厂里鞋底怎么被缝到鞋面上，鞋跟怎么用一层一层皮子粘出来，所有这些都是几分钟就完成的事儿。机器包揽了所有的工作，这些工作要是交给一个鞋匠干，他得趴在台子上干上几个小时甚至几天，干得头晕眼花。萨尔瓦多听得目瞪口呆。他明白如果一直待在博尼图，他的事业不会有大的发展。什么，机器做的鞋子？他可完全不会考虑。这想法本身就是个笑话，对他视为精神殿堂的手工艺简直就是侮辱！当阿方索备好行装要返回波士顿时，他仍想说服弟弟，但萨尔瓦多根本听不进去。在这属于他的角落用传统的工具给客户定制鞋子，他觉得很快乐。

阿方索还是不甘心。回到美国后他又写信来，劝萨尔瓦多说，他如果能和自己，还有另两个也已经在美国落脚的弟兄住在一起，会非常快活。没过多久，萨尔瓦多改变了主意。即便他想说服自己在博尼图其实也挺开心，但那股与生俱来的冲劲还是被阿方索的话挑动了。他又一次收拾行囊，向西朝那不勒斯而去，这一次他要去的是港口。他登上一艘拥挤的轮船，窝在三等舱里，向着纽约进发。就在S.S.斯坦帕利亚号（S.S.Stampalia）驶离码头之前，萨尔瓦多给自己买了件带毛领子的华达呢大衣。这样，到了那片新大陆，别人不会把他当成乡下人。在他的眼里，只有未来，没有过往。抵达纽约港时，他知道的英文连皮毛都算不上，但他看着那些高耸的建筑，若隐若现的铁塔，立刻知道这才是属于他的地方。

就在几个月前，阿方索、吉罗拉莫（Girolamo）和塞孔迪诺（Secondino）刚刚离开波士顿去了加利福尼亚的圣巴巴拉。还好，萨尔瓦多坐着火车从纽约赶到马萨诸塞时，他的姐姐们和一个姐夫迎接了他。他的这位姐夫像阿方索一样，也在女王品质鞋业公司工作。刚过了两天，萨尔瓦多的姐夫就安排他去鞋厂里参观一圈，而且鞋厂已经给萨尔瓦多许诺，他可以选个自己最喜欢的部门，立刻就来上班。萨尔瓦多一方面感激不已，一方面也急切地想了解这个机器制鞋的神秘世界，于是就去了厂里。在这儿，他震惊地看到流水线上呼啦呼啦地滚动着各种鞋坯。“太可怕了！到处咔嚓作响，机器转得飞快，工人也忙个不停。我就那么傻傻地站在那儿，神情恍惚地到处走着，看着几千只鞋从流水线一端进来，顺着转个不停的传送带从另一端涌出来。一排排的鞋码在那儿，有上百上千双的鞋！”虽然萨尔瓦多也承认这样的产品做工也说得过去，但他更觉得工业化的鞋厂把制鞋工艺中那一点一滴的艺术感全都榨干了，视鞋子与那些用来制鞋的工具毫无区别。对此萨尔瓦多感到满心郁闷，即便得罪姐夫，他还是拒绝了这份工作。萨尔瓦多始终相信自己的直觉，他听从内心的召唤，深信自己靠手工做鞋能获得成功，哪怕这时轰隆作响的美国机器已经拉开架势要消灭他。

萨尔瓦多给阿方索去了信，阿方索得知弟弟要来西部与他们会合，兴奋不已。加利福尼亚荒地热辣辣的空气和多刺的棕榈树，吸引着人们前去定居，更何况美国政府已经规定，任何人都能免费得到自己想要开垦的土地。加利福尼亚还是迅速腾飞的电影工业的大本营，塞西尔·B.戴米尔（Cecil B. DeMille）这样的新锐导演正在拍摄原汁原味的西部片，影片中英勇的牛仔和野蛮的印第安人令观众趋之若鹜。萨尔瓦多抵达后，菲拉格慕家族的哥哥们对弟弟拒绝接受现代制鞋业现实的情况多少有点烦心，但他们还是安排他住下，同意拿一笔钱出来在圣巴巴拉开一家小修鞋铺。他们在州大街1033号（1033 State Street）找到一个有两间屋子的店面，在这儿他们可以靠修补旧鞋赚取些收入，同时，16岁的萨尔瓦多，这帮弟兄中唯一具有设计师天分的，也能在店里做新鞋了，特别是做出舒服、漂亮而且经久耐穿的牛仔靴。鞋店于1914年开张，刚一开业就生意火爆，因为萨尔瓦多填补了好莱坞这一片的市场，吸引对了人。当戴米尔看到萨尔瓦多的鞋子，感慨地说："如果牛仔们有这样的靴子，西部早就被征服了。"

萨尔瓦多在家里如众星捧月、踌躇满志。他渐渐出落成一个精干的艺术家，皮肤呈焦糖色，容貌有着鲍嘉式的粗犷美，说英文时带着浓重的意大利口音，这让他的客人更为着迷。短短的7年，他居然从路易吉·费斯特的乡村鞋铺走到了今天。但有个做鞋的工艺问题自他还是小学徒时就一直困扰着他：为了定制一双鞋子，鞋匠要先给客户的脚量各部位的尺寸，然后根据这些数据裁切皮子、成型，缝制出鞋子。萨尔瓦多先跟着费斯特，后来又从那不勒斯最好的鞋匠那儿学会了这些技术，但有些客人还是抱怨鞋子穿着不舒服。萨尔瓦多不由得琢磨，是不是这种做鞋的技法本身就有问题呢？还是在他的知识体系中存在断层？他知道鞋子自有其功用，穿着必须舒服。他还从心底相信，女性要对自己的脚好些，但不必非得牺牲漂亮和时髦不可。他给意大利和美国的女人都做过鞋子，已经亲眼看到蹩脚的鞋子给人带来的伤害。有多少老夫人找到他定制鞋子，就是想减轻麻木的锤状趾、塌陷的足弓、顽固的鸡眼、无法恢复的脚趾囊肿带来的伤痛，哪怕只能暂缓长期的痛苦和不适也好。好多女人怪自己的脚长得不好，但萨尔瓦多却觉得其中另有原因。他立志要解决这个问题，为此他进了南加州大学去学习解剖学。

上学时，萨尔瓦多把自己的鞋店当成了实验室，在这儿测试他关于脚、体重分配和精巧的人体骨骼的理论。他的试验过程起起伏伏，有的女士给他表扬，有的女士则是批评，让他很是沮丧。哥哥们也劝他不要执拗于完美主义。但他终因自己的执着获得了回报，取得了突破。原来，他，还有其他人，做鞋的方法根本就是错的！这是板上钉钉的结论。只不过现在，他是唯一知道怎么解决这个问题的人。

像他的师傅们一样，萨尔瓦多一直按一个错误的观念做鞋，那就是脚应该在平放于地面的情形下量尺寸。这样做出来的鞋子只是支撑了脚的前掌内侧和脚跟。说起来也合情合理，因为脚弓毕竟是不挨地的。但萨尔瓦多吃惊地发现，光脚走路和穿着鞋走路时，脚的形态功能大不相同。换句话说，鞋子改变了我们行走的方式。因为这个惊人的发现，萨尔瓦多对手头上没出货的一些鞋子做了修正，那些没办法改进的鞋子就直接扔掉。他悟出的秘密是，足弓部位才是鞋子支撑脚的关键（图3）。于是突然间，女顾客们跟他说，他做的鞋子是她们这辈子从未穿过的最舒适的鞋子。

图3→p60
高鞋面系带的高跟鞋。

萨尔瓦多从南加州大学毕业后不久，圣巴巴拉市对税务政策做了调整，结果是把电影工业赶到了南边100英里（约160公里）外的好莱坞。菲拉格慕一家赖以生存的生计没了。萨尔瓦多也曾试着在圣巴巴拉和洛杉矶两地之间往返跑，但如此奔波让他筋疲力尽。于是他跟哥哥们说，他想把鞋店搬走。哥哥们全都反对，他们认为修鞋的业务也能让生意正常运转，把鞋店迁走意味着要争取新客户，一切都得从头开始。兄弟们为此争吵了好几个月，最后萨尔瓦多自己收拾好行李上了路，在好莱坞大道（Hollywood Boulevard）和拉斯帕尔马斯大道（Las Palmas Boulevard）的拐角上开了一家“好莱坞鞋店”（Hollywood Boot Shop）。这是1923年的事。光是电影厂的订单就让他忙得团团转，连《十诫》（*The Ten Commandments*）这样的史诗大片也委托他定制鞋子。他为这部影片设计了精巧的古典希腊-罗马式凉鞋，颇为得意。萨尔瓦多的鞋店成了女明星们时常光顾流连的地方，因为在这儿有一位富有异国情调、风度翩翩的制鞋师，他肆意挥洒着想象力，为这些总想走在时尚前沿、在同行中鹤立鸡群的女演员们殷勤周到地设计仅此一双的定制鞋。没过多久，菲拉格慕实现了自己的梦想：开出一间集艺术气息、人体工学和商业成功于一身的人气鞋店，而且不靠工业化的方式制作鞋履。

撇开制鞋业和电影圈不谈，此时女性的社会角色刚刚开始发生改变，这倒与工业化并无太大关系。女性想在家庭生活中获得重要的地位，但更重要的是，她们企盼走出家门，争取投票权，争取发出与男性有同样分量、同样力度、受到同样关注的声音。就在菲拉格慕潜心研究鞋子时，女权主义者聚到大街上，不遗余力地大声呼吁妇女参政议政，她们头戴有花边的宽檐帽，穿着袖子蓬蓬的外套和长款掐腰裙子，足蹬中跟的靴子——虽然这些鞋并没有流行的扣子和系带设计，不会把脚勒得那么难受。这些女士刻意把自己打扮得非常女性化，以反击那些认为她们争取权利的目的就是为了取代她们的丈夫的批评言论。美国的女性作为一个群体被动员起来，这还是第一次。1920年，赋予女性投票权的第十九修正案（Nineteenth Amendment）被通过，更让她们欢呼雀跃。在女性取得胜利的喜悦中，美国的社会景象也在发生改变。1920年的人口普查数据显示，全美国有超过一半的人口，粗略算约为5 400万，都生活在城市里，而非乡村。这意味着在美国，博尼图那样的乡土社会以及与之相应的村镇文化和价值观正在逐渐消亡。这次人口普查还有另外一个惊人的发现，那就是2/3的人口年龄在35岁以下，而人口平均年龄居然只有25岁。这意味着整个社会的价值观处在不断变化之中，而重新塑造社会价值观的是一个年轻的、追求情趣的社会主体，这个社会主体前所未有地擅长与他人发生联系，接近身边的世界。

就在女权主义者刚刚赢得选举权的胜利之后，飞女郎（Flappers，也称“拂拉啪女郎”或“摩登女郎”）和爵士女郎出现了。她们偷偷喝违禁的酒，顶着波波头在午夜热舞，才不管爸爸是不是会气得端起猎枪。飞女郎根本不相信婚姻，她们只管跳查尔斯顿舞跳到东方泛出鱼肚白，与男人打情骂俏，然后在纽约寂静的大街上浪声大笑。这些女孩儿比女权主义者年轻，在妇女赢得选举权时不过十八九岁，或者二十出头。当她们长大成人之际，“一战”已经改变了一切。就当时的时尚观而言，瘦才是时髦。为了应对战时的食物短缺，政府曾发起声势浩大的活动，以唤起公众对膳食营养的关注。作为女孩子，飞女郎在成长年代看的书里总是告诉她们：和那些超重的朋友比起来，苗条漂亮的姑娘总是赢家。香烟广告则跟她们保证说抽烟能保持体形，她们对此深信不疑，所以不停歇地给自己的膳食结构里加上些尼古丁。（再说，抽烟是与帅哥交往的好办法。只要在涂着唇膏的双唇间夹上支烟，马上就会有绅士冲过来给你点火。）

飞女郎成心要挑逗人的神经。化妆历来被认为是诱惑人的伎俩，但美国民众对健康卫生问题越来越关注，受此影响，越来越多女性也开始用化妆品来遮盖脸上的粉刺和其他瑕疵，以免被人认为个人卫生习惯不佳。飞女郎却更热衷于用眼线笔和唇膏，因为这些化妆品能让她们在夜店昏暗的灯光下看起来越发撩人。举国上下对苗条身材的推崇，加上政府大力推广女性月经和生殖健康教育，美国的生育率在1900至1929年间陡然下降了33%。此时的流行服饰正迎合了飞女郎的需求，因为她们对于服装的首要要求是能让她们在舞厅里自如地舞动。于是，能让飞女郎踢腿跳动，又能秀出她们纤细小腿的短摆裙便大行其道。飞女郎乐于展示自己的身体，甚至会在膝盖上涂上胭脂，作为性行为的一种暗示。当然可以想见的是，她们的性感与以往完全不同。她们不再穿让酥胸和蜂腰凸显出来的紧身胸衣，改穿上身松垮的直筒裙，而且腰线很低，无从突出臀部。飞女郎既想扮得妖冶迷人，又刻意选择少女化的服装，这是要宣称她们并非只是会生育的女人。

图4→p61
有亮闪闪水钻鞋扣的高跟鞋。

对于鞋子而言，由于裙子越来越短，鞋子就愈发引人注目。飞女郎对高跟鞋情有独钟（同样是因为其具有性暗示的意味），像佩在上衣的胸针一样固定在鞋面上的装饰感十足的鞋饰，成为让鞋子展示个性的时髦做法（图4）。为了让女郎们尽情热舞，能保证系紧的鞋子颇受欢迎，这类鞋子要么是女孩气十足的玛丽·珍（Mary Jane）鞋，这个名字源自1902年风靡一时的连环漫画《巴斯特·布朗》（*Buster Brown*）中一个小姑娘玛丽·珍穿的鞋子（图5）；要么是比较成熟的丁字鞋，就是两条搭扣带呈垂直的T形而不是水平的那种鞋（图6）。保守人士对爵士时代文化持批评态度，认为其上不了台面，抨击飞女郎的高跟鞋是她们行为不端的象征，有些反对者甚至呼吁制鞋厂停止生产高跟鞋。在一个召集了300位女士的集会上，一位“废除主义者”外科医生在演讲中慷慨陈词，说自己“公开申明希望把所有生产高跟鞋的人以致人伤害和残疾的理由送进惩戒所”。上一辈人穿的系着紧绷绷绑带或搭扣的爱德华式靴子已经落伍，飞女郎更喜欢一种方便穿脱的宽松式靴子，它脱胎于俄国人穿的毛毡靴，这种毛毡靴既是可以在屋里穿的松软暖和的靴套，也能用来给防水鞋作衬里（图7）[1]。其实，关于“飞女郎”这个称呼的来由，有人说是因为这些女孩儿在跳舞

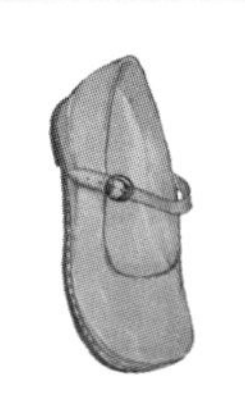

图5→p61
玛丽·珍鞋。

图6→p62
粉红色缎面丁字鞋。

图7→p63
饰有毛边的菱形格棉靴。

1 《古董鞋》（*Vintage Shoes*）一书的作者卡罗琳·考克斯（Caroline Cox）讲述了一个词源学上的趣闻：“1922年，芝加哥一位年轻女孩被拍到在地下酒馆里，恶作剧地将一瓶违禁酒藏到一只靴子的侧边，完美地诠释了‘走私’（bootlegging）这一行为。”这个词可以追溯到19世纪。走私贩（bootlegger）指的是那些在和美国土著做交易的时候，把威士忌藏在靴筒上的商人。后来这个词变为沿着铁路线非法运酒的犯罪分子的代名词。（作者注）

时胳膊像鸟儿一样扇动，也有人说是因为姑娘们穿着松松垮垮的靴子跳舞时靴筒敲打到腿上的声音。

飞女郎愿意拿自己的名声去玩俄罗斯轮盘赌。“名声”这个永恒的泛泛的词，在过去可是会把年轻姑娘吓得规规矩矩。但在1927年3月20日的这个星期天，发生了一件事，把飞女郎和她们的价值观送上了审判台。这一天，派对女郎露丝·斯耐德（Ruth Snyder）被人发现在皇后村的家里让人绑住了双脚，当时她只穿了一件蕾丝短睡袍，身边还扔着一团松开的塞过她嘴的东西。露丝9岁的女儿吓得跑去邻居家，说妈妈受了伤。这个邻居把昏迷的露丝弄醒，然后检查了屋子，这才发现阿尔伯特·斯耐德（Albert Snyder）已经被人杀死在床上。邻居报了警，但警察很快就发现露丝编造的家里遭劫的说法漏洞百出。经过医学检查，没有任何证据显示露丝的头部真的被人击打过以至于使她昏迷，而且此时身为寡妇的露丝似乎对丈夫的死无动于衷，这让人非常怀疑。警察还在犯罪现场找到了露丝的通讯录，其中有个叫H.贾德·格雷（H. Judd Gray）的人，并且发现了已经取消的付给格雷的支票。当警察向露丝问到这个人时，她显得异常慌乱。

贾德·格雷是露丝的情人，真相是他们二人串通一气谋杀了露丝的丈夫，目的是诈取他的保险金。当警察审讯格雷，并且他的不在场证明被推翻后，这一对男女居然恬不知耻地开始彼此攻击。要审理这样的案子正对了小报的胃口，此案顷刻间成了全国报纸上的大新闻，也凸显了大众担心爵士时代的文化对女性做贤妻良母没有起到好影响的心理，而露丝正是利用色相粉碎家庭价值的悲哀化身。一夜之间，露丝变成了美国的女魔头。各家报纸对她的称呼无外乎都是“铁石心肠的女人”“冷酷美人”“无情露丝”“海盗吸血鬼”。在开庭审理时，她已经失去了民意，得到的则是女色情狂和掠夺成性的女人这样的形象，官方司法部门也对她进行无情抨击。律师威廉·米勒德（William Millard）是格雷家族多年的朋友，他在法庭上以他朋友的名义慷慨陈词：“露丝·斯耐德就像一条毒蛇，用她那湿滑的身子把贾德·格雷紧紧缠住，让他无法逃脱……这个女人，人类中的恶毒异类，是个变态的怪物，她沉迷于吸干掏空男人的性狂热和动物般的肉欲，似乎永远都不知满足。”露丝，这个给自己的丈夫戴绿帽子、从来把派对聚会置于家庭之上的女人，太容易让道德法庭给她定罪了。最后，露丝和格雷都以谋杀阿尔伯特·斯耐德被判死刑，但露丝连最后的尊严都保不住。在她被行刑的那一天，1928年1月13日，《纽约日报》（*New York Daily News*）登出了一张令人毛骨悚然的恐怖照片：露丝·斯耐德被绑在电椅上。

自由放任的飞女郎文化给时装带来了深远的影响，不过，穿着舞鞋的放纵女子终究还是让普通人无法接受。露丝这桩案子意义深远，预示着以前无忧无虑的爵士年代在一年之后的那个黑色星期二，1929年10月29日，行将寿终正寝。

菲拉格慕勉强挨过了大萧条。1927年时，他实际上已经拥有了相当数量的优质客户。在这样的形势下，他竟然把好莱坞鞋店关掉，跟洛杉矶说再见了。他的弟兄们那时还住在圣巴巴拉，他们都觉得菲拉格慕疯了。他们不知道的是，这一次，萨尔瓦多身体里的罗盘又起作用了，没人能阻止他。他有一个非比寻常的想法，为此他愿意冒险拿自己的名声一试。这将会是一场人和机器的对决，菲拉格慕相信自己将要迈出的这一步会取得前所未有的胜利。

之前在好莱坞有几年，菲拉格慕也迫不得已卖过些机器做的鞋子，但也并非全部工序都采用机器制造。当时的决定纯属无奈之举。开纯手工定制的鞋店常常让他在订单的工期方面疲于奔命，也让他很难和那些与机械化工厂合作的鞋店竞争。萨尔瓦多意识到自己的固执会是成功路上的一个障碍，再加上自己近期对人脚的研究已经出了成果，他开始思考，有没有一种办法，能更有效地制作鞋子，同时还能让鞋子不失舒适？萨尔瓦多也承认，自己做过的机器版的鞋子看上去还说得过去。而且因为他给鞋厂提供了特制的、适合足弓的鞋楦，做出的鞋子已经能让大多数顾客满意。但萨尔瓦多对这样的做法并不感到真正满意，他把订单拿给一家又一家鞋厂，不停去试，希望达到他认可的质量水平。他颇为纠结：他确实需要大规模生产的速度和产量来满足美国市场的需求，但生产出的鞋子却令他失望。是不是他太较真了，只要客户对机器制的鞋子认可就行？但这位鞋匠可不满足于此，毕竟，他要把自己的名字放在产品上。一想到那些不够齐整的线头，他就坐立不安。

这时他突然有了一个念头：为什么不能借鉴大工业生产的模式，还以自己的路子去做鞋呢？解决方案就是——他要用工厂生产的方式做手工鞋子。在意大利，人工比美国便宜，制鞋也是更为普遍的一门手艺。他可以雇别的鞋匠给自己工作，安排一条流水线，流水线上的每一个工序步骤都靠人手工完成。他把这个想法告诉阿方索、吉罗拉莫和塞孔迪诺，却遭到他们的反对。不过，萨尔瓦多已经习惯了不依靠兄长而独自行事，自己找到了投资人。他成立了一家公司，并发布新闻说他决定返回家乡，立志于以手工方式大批量生产鞋子，把它们提供给美国的时髦女士们。于是，订单雪片般飞来了。

他满怀希望地回到意大利，受到博尼图的亲朋好友以及当地媒体的热情欢迎。报纸上还特别报道了这位在那片希望的土地上获得成功的老乡萨尔瓦多衣锦还乡的事。不过，意大利的鞋匠们可不像美国的投资人那么容易说服。他先去了那不勒斯，又一路向南，这一路上得到的都是匠人们的嘲笑。他又试过罗马、米兰、都灵、威尼斯和帕多瓦，也一无所获。最后，他终于把工厂安置在佛罗伦萨，全靠他许诺提供当地最高的工资才把最好的鞋匠招募来给他工作。萨尔瓦多雇用了60名工人，花光了所有的投资，在不耐烦的投资人一封又一封来信询问他工作进展的压力下，设计出了一个包括18款鞋子的系列，每一款他都很钟爱。鞋样终于准备妥当，该在美国安排营销渠道了。萨尔瓦多坐船回到纽约，在中央车站北边几个街区外豪华的罗斯福酒店里订了个房间，用来展示自己的最新设计，请纽约城中顶级百货公司的买手来看货。

最先来的是米勒百货商店（I. Miller）的乔治·米勒（George Miller）。他默不作声地巡视了一圈鞋子。萨尔瓦多不由在想，是不是自己的鞋子好得令人意外，让米勒先生吃惊得说不出话来。最后，米勒终于开口说道："你想让我告诉你我对你的鞋和所有这些款式的真实感受吗？"

萨尔瓦多在等着一连串溢美之词。

"你做的什么都不是！什么都不是！别胡来了！听我的建

议，回好莱坞去，做你一直都拿手的事去。你现在做的什么都不是，绝对什么都不是！”

否定评价如当头一棒，让萨尔瓦多完全没了主意。他尽量对乔治·米勒的直率表示了感谢，坐下来，怔怔地，思忖着何去何从。他又仔细查看了那18双鞋子。难道他真的做得太出格，太执拗于自己的使命，以至于都不能分辨出艺术品和“什么都不是”的区别吗？也许吧。但为了保险起见，他又急忙给萨克斯第五大道百货公司（Saks Fifth Avenue）的曼纽尔·格顿（Manuel Gerton）打了个电话，请他给自己做个评判。

格顿急忙赶过来后，也像乔治·米勒那样，拿起鞋样，仔细审视，然后转过头来盯着萨尔瓦多，欲言又止。就在这一刻，萨尔瓦多看到他眼中闪着光。“这是属于你的作品！你干了件新鲜事，萨尔瓦多。你干了件前所未有的事。别让别人碰这些鞋，我想要它们。”格顿坐在地板上，完全不顾自己还有别的安排。到晚上时，他订了一双又一双鞋，还特别要求做一些修改。这些订单足以让大喜过望的设计师忙活起来，并能给他的公司带来数千美元的进账。

菲拉格慕第一次让意大利有了出口海外在国际市场上销售的鞋子，从此意大利在制鞋业的世界版图上有了一席之地。他的商业模式被证明是成功的。只要古板的老鞋匠拒绝按照他的方式干活，他就用年轻的学徒来替换他们，然后培训年轻学徒以萨尔瓦多的方式做鞋。然而，大萧条影响了他在美国的业务，他的美国投资人逼迫他牺牲质量，以换取更高的产量。1933年，萨尔瓦多濒临破产。他只好把业务的重心放到意大利的国内销售上，打他孩提时代在博尼图苦干算起这还是第一次。接下来的是另一个重创：墨索里尼穷兵黩武的侵略政策让他的营业收入大大减少，给他带来第二个更为沉重的打击。1935年，这位意大利独裁者单方面下令入侵埃塞俄比亚，炫耀武力的狂热行为像地震前的悸动一样，预示着第二次世界大战的爆发。随即，国际联盟做出反应，对这个欧洲小国实行经济制裁。萨尔瓦多回忆说，“顷刻之间，我有了点起色的出口生意彻底垮了。已经等着装箱发货的鞋再也上不了船。工厂拿到的订单只好放弃，那些正在谈的价值数万美元的订单更是一笔勾销。”雪上加霜的是，随着战争的进行，像皮子、橡胶和钢这些鞋匠工具箱里的必备品都被拿去作为军用，在市场上难觅踪影。因为从敌国运输物资非常困难，进口的材料也很难拿到，萨尔瓦多陷入绝境，他的原料已经极端匮乏，甚至想过试着用玻璃来做鞋。他不能这样眼睁睁地看着自己辛苦成就的事业第二次毁于一旦。

某个星期天的一大早，萨尔瓦多在自己的工作室鼓捣了一番后，跑出去给爱吃甜食的玛丽安东尼娅买了一盒巧克力。他拆开巧克力盒时，仔细研究了一下那透明的包装膜，摆弄了一通，试了试柔韧性，又把包装膜缠在手指上，检查它的强度。萨尔瓦多常常在软皮上用金箔银箔作装饰，这样会让鞋子在华灯初上时就熠熠闪光。这时他想，也许包装膜可以以类似的方式拿来使用，这样就不必再用小山羊皮了。他买了一些透明膜，试着把它们叠成几层，然后镶上边。让人惊喜的是，他居然真用这样的材料做出了漂亮的鞋面。哈！成了！战争时期凉鞋的装饰问题解决了。然而，第二个大挑战仍旧困扰着萨尔瓦多：怎么能不用那根加固高跟以防止鞋跟断掉的钢材，还能做出带跟的鞋。他发现低质量的替代钢材在很小的压力下也会折断，根本没法用。只要经济制裁还在实行，做出传统的高跟鞋就是妄想。这时，有了第二个突破："我对自己说：为什么不能把鞋跟和脚掌之间的空间填满呢？这个想法让我大喜过望，脑子里对这样的鞋跟已经有了清晰的轮廓。我坐下来，开始用撒丁岛软木做实验，把这些软木堆在一起，用胶粘牢固定，然后再修边，直到把鞋底和鞋跟之间的空间填实。（图8—10）"

图8→p63
萨尔瓦多·菲拉格慕设计的凉鞋，鞋跟为软木。

图9→p64
萨尔瓦多·菲拉格慕设计的软木底楔形鞋。

图10→p64
萨尔瓦多·菲拉格慕设计的高水台松糕鞋。

这种实心的高水台鞋款并非新事物。早在古希腊时期，演员们就已穿着坡跟凉鞋来表现所饰演角色的尊贵，但这种鞋跟早就落伍，让位于典雅的高跟。用软木来制造鞋底的做法也失传已久。为了宣传自己的新发明，萨尔瓦多得仰仗那群富有、时髦的女士们，她们是他靠得住的顾客。带着创造出新款式的兴奋，萨尔瓦多把他最好的一位顾客请到了佛罗伦萨的店里。

图11→p65
萨尔瓦多·菲拉格慕设计的楔形坡跟鞋。

“我有种全新款式鞋跟的鞋给您穿，”萨尔瓦多向文斯康提·迪·玛多娜公爵夫人（Duchessa Visconte di Madrone）宣告，“我希望您是全世界第一个穿上它的淑女。（图11）”

“萨尔瓦多阁下！”当萨尔瓦多拿出鞋样时，公爵夫人惊呼起来，“你不会跟我说这么吓人的东西是你设计出来的吧。”

尽管公爵夫人不情不愿，萨尔瓦多还是说服了她穿上这样一双鞋在礼拜天早上去了教堂。出乎公爵夫人的意料，她发现这鞋子穿起来异常舒服。接着她就把这个新发现告诉了她在上流社交圈的朋友们。不用说，软木底坡跟鞋，也就是美国人说的“松糕鞋”（lifties）或者“楔形鞋”（wedgies）开始大热起来，其中一个重要的原因是，对女士们来说，穿着它们走路轻松极了。1938年，爱丽丝·休斯（Alice Hughes）在《华盛顿邮报》（*Washington Post*）上自己的专栏“女人看纽约”中谈及女鞋时尚的流行趋势时，称“一家大公司向我透露了一种‘塑胶高跟’‘高水台’‘冲模猪皮皮革’‘亚麻色楔形后跟’的白色夏季鞋。说的其实就是包脚尖，露脚后跟，皮子上打孔，鞋底抬高的米色鞋。我们美国那些美好典雅的语言怎么变成这样了？”美国女人所幸没有像欧洲女性那样为战争所困，得以学着那位夺人眼球的巴西艺人卡门·米兰达（Carmen Miranda）的样儿，开始享用起这种新颖甚至不乏古怪的坡跟鞋了。这位米兰达女士，身高仅有5英尺（152.4厘米），总是穿着厚底鞋来增加自己的高度。米兰达还定制过一双超高鞋，上面缀着珠子，镶有蕾丝，甚至还装饰了塑料水果，借此来展示她那火辣辣的南美风情。到1939年时，菲拉格慕估计美国生产的女鞋中有86%都是坡跟鞋，不过他自己从中得到的经济回报远不成比例。虽然菲拉格慕在包括美国在内的很多国家都为这种软木底坡跟鞋申请了专利，但这种款式的鞋实在太火爆，他根本没办法对每一家仿造的厂商都提起法律诉讼。在菲拉格慕的职业生涯中，他的设计总是被人模仿，但这位处变不惊的制鞋大师把对其的模仿看作动力，激励自己回到绘图板前，把创造力推至极限，看看自己还能变换出什么样的新鞋子。当然，这样的新设计，一定又会是那些平庸鞋匠效仿的对象。

2

米高梅、大萧条和有魔力的红宝石鞋

MGM, the Great Depression, and Pulling Yourself Up by Your Ruby Slippers

（1936—1939）

1936年：加利福尼亚州，好莱坞

菲拉格慕为了在国际市场上谋求成功，将好莱坞这座浮华之城抛在了身后。时光荏苒，好莱坞的电影工业日渐风生水起。米高梅公司签下朱迪·嘉兰（Judy Garland）没多久，路易斯·B.梅耶[1]开始犹豫要不要把她留在米高梅了。还在许多制片厂试着应对可爱型童星向羽翼丰满的成人演员转型期间尴尬的年龄段问题时，米高梅已经签下了两位有着成年人声线的大姑娘：嘉兰和狄安娜·窦萍（Deanna Durbin）。朱迪（本名弗朗西丝·古姆（Frances Gumm））先和制片厂签的约，但仅仅两个月后，她失望地得知制片厂还会签下另一个会唱歌的女孩。狄安娜（本名艾德娜·梅·窦萍（Edna Mae Durbin））被招来是为了扮演青年时代的德国歌剧明星欧内斯汀·舒曼-海因克（Ernestine Schumann-Heink）。嘉兰虽然对狄安娜本人没什么意见，但让她不能理解的是，只应对一个十多岁的女歌手已经够让制片厂头疼了，为什么还要再招一个来？这时，朱迪13岁，狄安娜14岁，两个女孩儿都处在“尴尬的年龄”，已经没办法再扮演秀兰·邓波儿（Shirley Temple）那样的可爱小囡了。话说秀兰·邓波儿年仅6岁便在20世纪福克斯取得了成功，让其他

1　路易斯·B.梅耶（Louis B. Mayer），米高梅电影公司创始人之一，擅长造星，特别是发掘、塑造童星。（译者注）

制片厂纷纷效仿，都想找到能让自己大赚一笔的秀兰·邓波儿。那时朱迪跟随家人从事歌舞杂耍表演已经有很长时间，所以她的起步已经非常精彩，但她并没能充分利用自己的演艺童星身份打进好莱坞。

至少朱迪和狄安娜的声音并不相同。长着一张娃娃脸的狄安娜是女高音，能唱经典歌剧。朱迪的声音没那么漂亮，但她的低音区丰富，更适合唱各种美国流行歌曲和爵士歌曲。米高梅为了充分利用她们二人各自的天分，让两个姑娘共同出演了一些诸如《每个星期天》(*Every Sunday*)这样的短片，目的是让她们的风格在片中形成互补。不过，路易斯·梅耶对她们的表现并不满意，向他的手下发布了一道棘手的命令：

把那个胖的给我开了！这就是他的命令。

从体形上来说，嘉兰和狄安娜并没有太大区别，但身材紧实、腰身稍细的狄安娜可能是梅耶想要留下的姑娘。当时如果不是欧内斯汀·舒曼-海因克退出了她的自传影片并让这个项目搁浅的话，朱迪·嘉兰就已经在第一时间搭班机飞回密歇根州的大急流市了，在那儿，她将会唱着缅怀往事的感伤小调度过自己的余生。但事实是，狄安娜被解约了，然后她去了环球制片厂，没过多久，她就开始接演电影，成为一线明星。朱迪忍不住为自己的黯淡前途哭泣，而米高梅则在懊恼是否让不该走的人走了。

讽刺的是，狄安娜的好运对朱迪也变成了利好因素。“青少年演员在电影界找到了机会，”这是1937年2月《哈特福德新闻报》（*Hartford Courant*）上的报道。“狄安娜·窦萍的成功给那些已经跨过儿童阶段的年轻人带来了新的希望。”米高梅的签约演员米基·鲁尼（Mickey Rooney）是第一个顺利度过13岁分水岭的童星。他主演了一系列关于安迪·哈迪（Andy Hardy）的电影，它们讲的是一个十多岁的少年在认识世界的成长过程中闹出的各种笑话。朱迪在《好人不哭》（*Thoroughbreds Don't Cry*）一片中加入剧组，饰演为安迪举火把的年轻女孩。她在后来的16部哈迪电影中又扮演过3次这个角色。鲁尼和嘉兰组合变得很受欢迎，但制片厂对于嘉兰的未来仍旧没有信心。朱迪渴望能扮演一些更成熟的角色，她把自己和年龄相仿的拉娜·特纳（Lana Turner）相提并论，未免不明智。特纳与米基·鲁尼演过对手戏，凭借着性感的角色获得了观众的喜爱。

不用说，朱迪有唱歌的才能，她的喜剧天分也在歌舞杂耍表演方面充分地展示过。这个女孩知道怎么逗观众开心。不幸的是，她已经不再有孩童的体型，但身上却没有明星气，而且她的体重总是让米高梅的高层头疼不已，觉得很难把她打造成浪漫爱情戏的女主角。朱迪的大眼睛、小个子、与年龄不相称的老练表演风格给了她一种淘气的感觉，让她更适于扮演小妹妹那样的角色。那时，迪士尼已经用炫目的彩色印片法拍摄了动画长片《白雪公主》(*Snow White*)，赚得盆满钵满。还有一个题材也在不同制片公司之间传来传去，制片商们绞尽脑汁想把它搬上银幕，米高梅最终得到了这个项目。

《绿野仙踪》(*The Wonderful Wizard of Oz*)是弗兰克·鲍姆(L. Frank Baum)写的一部儿童奇幻小说，主人公是传奇女孩多萝西·盖尔(Dorothy Gale)。在这本书的插图里，多萝西被描绘成一个大概8到10岁的孩子。拍摄同名电影时，朱迪已经15岁，但她还是被列为影片的备选演员。从歌唱方面考虑，她绝对合适。此外，那种让她尴尬地夹在儿童和成年人之间的顽皮气质对这个角色来说或许还是个优点，因为这个角色既要表现得聪明伶俐，又需几分天真烂漫。然而，在米高梅并非每个人都认可朱迪，所以制片厂悄悄打探从福克斯公司租借秀兰·邓波儿的可能性。邓波儿那时10岁，已经是能拉动票房的知名一线明星。管理层还在酝酿请狄安娜·窦萍出演的想法，只是梅耶对把她弄丢的事仍然耿耿于怀，也不愿意花自己的铜板让她为自己的竞争者脸上贴金。当福克斯反馈说不愿意出借邓波儿时，嘉兰自然而然地得到了多萝西这个角色。不管在米高梅是不是人人都认可她是这部电影的理想女主角，但至少她是签约演员。也就是说，她拍电影得到的任何个人成就最终都会变成美元装进制片商的腰包。

和演员一样，这部影片的剧本也费了不少周折。好几个编剧都得到了把鲍姆这个不寻常的故事搬上银幕的机会，南非来的编剧诺埃尔·兰利（Noel Langley）是其中之一。这天，兰利深深吸了一口雪茄，盯着脚本的第26页，想要琢磨出点儿新东西。26岁的兰利在1937年已经成功出版了自己的儿童作品，被公认为处理幻想题材的行家里手。兰利仔细考虑着一个场景：那是西方的恶巫婆（在脚本上简称为“西巫”）在剧中第一次出场亮相时的情节。这时来自堪萨斯的单纯的乡下姑娘多萝西刚刚发现她的房子掉下来砸到了巫婆的姐姐身上。多萝西不停地解释这是个事故，但西巫不依不饶。“你杀了我最亲爱的朋友和最严格的老师，然后想把这说成是场事故，是吗?”她应该恶狠狠地冷笑。不行，这词儿太多了。兰利把“最亲爱的朋友和最严格的老师”拿笔划掉，在划掉的地方写上“双胞胎女巫”。他又读了一遍。她们非得是双胞胎吗？还是“女巫姐姐”听起来好些——“你杀了我的女巫姐姐。”他思忖着，就这么定了。兰利心满意足地往下看，接下来是一条摄像指令：

银鞋子C.U.（特写）。

弗兰克·鲍姆之所以把多萝西的鞋子写成银色，因为在一些学者的评论中，这是对金本位货币理论的一种寓言式的辩护。在鲍姆构思这部小说时，金本位货币理论正受到威廉·詹宁斯·布莱恩（William Jennings Bryan，1860—1925）和平民党（Populist Party）的拥护，这个理论的主旨是美国发行的所有纸币应该和联邦储备局储备的黄金数量对等。但在《绿野仙踪》已经出版38年以后，米高梅并不那么在乎影片是否应忠于原著，也不想去传达什么老掉牙的政治理念。他们更关心的是，怎么才能不枉费这笔300万美元的投资。兰利大笔一挥，自行做出了一个历史性的决定。他知道制片厂要用彩色印片法制作这部影片，就毫不客气地把银色这个词划掉，把鞋子的颜色改成了红宝石色。红宝石色听上去高贵了许多，而且红色衬着黄砖路在银幕上会很醒目。不过是一瞬间的工夫，弗兰克·鲍姆这部经典作品中的银鞋子就永远地改变了，这就是好莱坞改头换面的本事。

米高梅的管理层认为朱迪得多有几双漂亮的鞋子才能弥补她的缺陷，他们也并不避讳告诉她这些。朱迪是身材敦实的中西部少女，好莱坞并不需要这种普通邻家女孩的样貌。从早年踏进制片厂，朱迪就开始接受饥饿式的饮食控制。制片厂的餐厅严格遵从命令，只给她提供清汤和农家奶酪。她还要吃节食药。那时在制片公司的各个片场，女演员就像吃糖块一样吃这些节食药，这让精神已经高度兴奋的女孩们更加焦躁。朱迪的母亲同意女儿吃这些药，但她和朱迪并不知道节食药里含有安非他明：一种抑制食欲的活性成分。这种成分让朱迪夜不能寐，于是她又要服用巴比妥酸盐。

自从接下多萝西的角色，朱迪就感到了压力，因为她不仅要演好这个人物，还要迷人才行。其中的潜台词是：观众们可不愿为一个一心只想回到堪萨斯的胖乎乎的居家闺女喝彩。米高梅的服装设计师们认为她毫无指望。即便是她的合作伙伴——在片中扮演稻草人的雷·博尔格（Ray Bolger）也不讳言："她不漂亮——她是个肉球。"本来对自己的容貌就没了自信的朱迪，还要承受制片厂对她外形无止境的吹毛求疵的折腾。他们命令她戴上牙套来矫正笑容，给她天生的塌鼻子垫上假体，让它能显得坚挺一些。令人崩溃的节食方案没能给朱迪带来期望的经典沙漏形身材，造型师们便开始尝试用紧身胸衣给她塑型，希望她能像费雯丽那样。问题是，他们把她的腹部收得太紧，让她无法呼吸。这虽然不是不能克服的困难，但她要是不能呼吸，就无法开口唱歌。不过朱迪拼了命想演好这个角色，对这些小事都能忍受。

《绿野仙踪》前后用了4位导演，但第一位导演——理查德·索普（Richard Thorpe）和服装造型及化妆团队一道，为多萝西塑造了调子强烈又具体的造型。1938年8月27日，朱迪为电影第一次拍试装照。她试戴了红色和棕色的假发，脸上是浓重的成人化的妆容。米高梅一开始认可了那款金色发型，但一头披肩长发的朱迪看起来更像是加州风格的女孩，而非农家姑娘，仿佛是堪萨斯的时髦小妞穿上了蓝布裙来体验乡村生活。像所有需要营造奇幻世界的故事一样，制作团队颇费了些时间为电影定下整体基调。例如，他们琢磨把恶巫婆塑造成一个漂亮的形象是否可行？因为在《白雪公主》里，邪恶女王虽然可怕，但外形却很优雅。最终，他们还是决定选用更为传统的女巫形象：绿色面孔，头戴尖顶帽。接下来，制片厂签下导演乔治·库克（George Cukor）替换了索普，因为制片人默文·勒罗伊（Mervyn LeRoy）看过样片后很不满意。库克原本有片约在身，要在两周后开拍电影《飘》。他在看了拍摄好的一些样片后，实在不满意他的前任没能表现出原作中天真烂漫的感觉。在他看来，首要问题就出在多萝西的造型上。10月26日到11月3日期间，库克一众人又对朱迪的服饰和着装鼓捣了一番，还尝试过棕色的假发，但最终还是全部推翻，决定就用朱迪本人天然的黑发，并把它们编成马尾辫。库克还让朱迪洗去浓妆，凸显出她那闪闪发亮的又大又纯真的眼睛。这么做的最终目的就是要表现出她只是一个扮演小孩的少女，而不是一心要扮成童星的年轻人。

在库克修饰多萝西的容貌之时，《绿野仙踪》的服装设计师则在研究她的红色便鞋。这双鞋不像大多数在电影中用到的鞋子，因为在电影的叙事进程中要对它们拍摄很多特写。服装设计师艾德里安（Adrian）面容俊美，他另外的名字是吉尔伯特·艾德里安（Gilbert Adrian）或者艾德里安·阿道夫·格林伯格（Adrian Adolph Greenberg）。那时希特勒已经上台掌权，这种隐去名字中种族特点的做法在当时的好莱坞很常见，并不难理解。艾德里安在1928年加入米高梅，在早前的电影《茶花女》（1936）和《绝代艳后》（1938）中展示过他那种绚丽华贵的设计风格。艾德里安已经习惯了给珍·哈露（Jean Harlow）和葛丽泰·嘉宝（Greta Garbo）这类精致优雅的明星设计服装，《绿野仙踪》算不上是他的专长。不过，芒奇金地一场戏的彩色开场需要数百套微型、别致的服装，为此进行艺术创作无疑是个挑战，他倒乐于接受。在设计多萝西的鞋子时，艾德里安还没什么想法，但是他尝试了一些略显古怪的设计，比如设计了一款“阿拉伯试验鞋”，鞋头俏皮地向上弯曲，是后来的红宝石鞋的初期版本。但制片人最后还是选定常规的圆头便鞋，后跟是弯曲的法式低跟，和当时女性杂志上做广告的那种卖六七美元一双，风格舒适的流行鞋款差不多。这种便鞋用白色绸布制成，内衬白色的小羊皮，供应商是位于加利福尼亚州帕萨迪纳（Pasadena）的英尼斯鞋业公司（Innes Shoes Company）。然后，鞋子被染成红色，以透明的乔其纱装饰，再全部贴上一层亮片。在早期的几个版本中，艾德里安还试着用过很多玻璃珠做装饰。因为在拍摄时需要一系列不同尺码的鞋子，因此号码从4码半到6B都有，这要看鞋子是用在特写镜头上还是用于舞蹈场景。这些鞋子由米高梅公司内部的服装道具部门和伯班克市（Burbank）的西部剧装公司（Western Costume）共同制作完成。西部剧装公司是制鞋师乔·那波利（Joe Napoli）开设的一间永久性的制鞋工坊。在索普掌镜的时候，鞋子的鞋面上没有什么装饰，但到库克接拍期间，即便是多萝西的鞋子也需要重新考量。鞋子最终版本上的蝴蝶结是在最后一刻才加上的，为的是衬托出女主角的朝气蓬勃（图12）。

图12→p66
艾德里安设计的红宝石鞋。

库克认识到，要保持故事的天真本意——也就是奇幻和庄重感——是影片最终成功的关键。大萧条之后的那几年，美国人的审美从精致考究变得伤感怀旧（就像记者阿尔简·哈梅茨（Aljean Harmetz）所说的那样），作为响应，好莱坞的电影也开始转型，从渲染性感和雅致转向关注家庭和生活哲学，比如秀兰·邓波儿、米基·鲁尼演的电影。1929年的股票崩盘促发了一个保守主义的时代，在人们看来，生活中最好的事情就是免费，因为一切都无法得到。第二次世界大战的阴影已笼罩欧洲大陆，随着战争阴云的逼近，大多数民众都想安全地龟缩于家中。1939年8月25日《绿野仙踪》首映，多萝西要回到堪萨斯家乡的使命天衣无缝地契合了在美国占据主导地位的明哲保身的氛围。墨索里尼入侵埃塞俄比亚后，希特勒也在扩张第三帝国的版图，1939年9月25日出版的《生活》(*Life*)杂志进行了一项名为“美国人如何看待战争”的民意调查，结果反映了整个国家对战争的否定态度。《生活》的一个问题是:“你认为谁会赢得战争?”不出意外地，83%的读者站在了盟军一边。然而，当被问到美国应该怎么办时，只有3%的受访者选择应该参战。

“家”——是红宝石鞋帮助多萝西以及观众抵达的那方目的地，是安全的港湾，即便这个家并非电影中的堪萨斯。1938年3月,《芝加哥每日论坛报》(*Chicago Daily Tribune*)欣然宣称当年春季的主打色是灰色，不经意间正中时装设计师和消费者的下怀。多亏了菲拉格慕的坡跟鞋，高跟鞋开始变得不那么流行，这不仅是因为高跟鞋不时髦了，更是因为在经济不景气、政治动荡的年代，穿着舒服的鞋子更受欢迎。红宝石鞋不仅仅在电影上光彩夺目（当然多亏了兰利和艾德里安），同时故事传达的信息让《绿野仙踪》的观众产生了强烈的共鸣。尽管第二次世界大战的战火还没有燃烧到美国本土，但关于战争的记忆令人既熟悉又恐惧。美国是移民和流放者的国家，他们中的很多人先前都是因为纷飞的战火而背井离乡，家乡对他们来说是遥远又魂牵梦萦的记忆。即便美国是一片丰饶之地——只是这种愿景已不能让人信服，因为大萧条让真实奥茨国的财富消失殆尽——但仍然无法与童年、家庭，还有一代又一代人在心中镌刻出的深深乡愁相提并论。这种怀旧情绪进而预示了美国的孤立主义：美国民众，不论是移民还是出生在本土，深刻地意识到要保护他们构建起来的生活。对美国公众而言，比起一双炫目的有魔力的鞋子，还有什么能成为更好的指引他们的灯塔？在常人无法企及奢侈品的时代，这双红宝石鞋不仅是普通人渴望得到的，而且可以慰藉人心，并重申了深沉的、适时的信念。虽然女主人公被翡翠城的奢华短暂地诱惑，但年幼的女孩最终仍然向往回到尘土飞扬、充满乡土气息的堪萨斯，那里崇尚辛勤的劳动，家庭的纽带胜过生活上的享乐。多萝西能够珍视她一度丢失的东西，这与大萧条时代电影观众的心态不谋而合。虽然最后为了自救而杀了女巫，但多萝西的使命并不是将奥茨国从恶魔手中拯救出来。相反，她所要的只是躺到自己熟悉的床上，不论家乡的生活是多么无趣乏味，毕竟金窝银窝不如自家的草窝。

红宝石鞋闪亮登场后，红色替代灰色成为新的流行色："很少有哪种颜色像红色那样流行。红色随之也有了很多个新的名字——枪火红、旗帜红、消防红、罗宾汉红、艳红、篝火红、火焰红，还有斗牛红——红色注定会在冬日里发出炫目的光彩。"当多萝西鞋跟连碰三次的时候，观众就为她高尚的美德所倾倒了。这个童话讲了一双有魔力的红鞋子的故事，适合全家人看，引人入胜、令人信服。16岁的多萝西·盖尔一心向往远行，收到了作为谢礼的这双鞋子，北方的好女巫格林达向她保证，红宝石鞋能保护她免受报复心极强的西方坏女巫的伤害——她的姐姐因多萝西而死去。这双鞋虽然看上去漂亮，但在整部电影里并没显出有什么魔力，更多时候反倒觉得是个累赘。坏女巫想得到鞋子，却无法从多萝西的脚上将它们脱下来，嗜血的坏女人费尽心机想要改变这种窘况。到电影快结束的时候，多萝西发现了她内心的力量，挺身而出，面对男巫奥茨，并战胜了女巫。此时格林达才揭示了鞋子的真正魔力：只需连碰三次鞋跟，多萝西就能实现心中的愿望，回到堪萨斯的家。《绿野仙踪》是关于自我实现的经典童话，鞋子在其中是个关键的视觉意象，暗示力量源自内心。

这个故事以简洁和戏剧化的方式重申了古老的童话故事中有关鞋子的概念：鞋子能帮我们达成梦想。红宝石鞋让弗朗西丝·古姆成为朱迪·嘉兰，让笨手笨脚的乡下姑娘摇身一变成了电影女主角；鞋子能把我们从一地送往另一地，也可以把我们最不完美的自我变成另一个不可思议的版本。就像多萝西的红宝石鞋，灰姑娘的水晶鞋将她带回她在世间原本的位置。灰姑娘一旦将精美夺目的水晶鞋穿在纤秀的脚上，她真实的身份立刻彰显了出来——她看似可怜的女仆，实则是俘获了王子爱情的热情又美丽的高贵小姐。设在加拿大多伦多的贝塔鞋履博物馆（Bata Shoe Museum）馆长伊丽莎白·赛默海科（Elizabeth Semmelhack）认为，鞋子之所以在文化叙事中极为重要，基于两个原因：一、人类生活发展到一定阶段后，几乎所有人都会穿鞋子；二、不同于服装或其他配饰，鞋子必须得穿着合脚才行。她以夏尔·佩罗（Charles Perrault）创作于1697年的《灰姑娘，或者水晶鞋》（*Cinderella, or the Little Glass Slipper*）为例，在这个文本中，水晶鞋就像“从蜡模上脱下来的”那么合脚。赛默海科持有一个观点，合脚证明了为什么这双鞋子能够有效地区分出善良的女仆和她邪恶的继姐姐们。水晶鞋没有伸缩性，如果它们不合脚，灰姑娘的姐姐们就束手无策，因此这双鞋变成了对身份——在这个故事中还有对角色——的完美评判。[1]

很多文化中都有类似灰姑娘的故事，说的都是一双鞋子提升了美丽善良的女孩的社会地位。朝鲜有个传说：一个叫桃花的农家女丢失了自己的草鞋，英俊的公子找到了这双鞋，在交还鞋子的过程中与桃花相爱。埃及小伙子都为洛多庇斯（Rhodopis）神魂颠倒，她是希腊女奴，她的镀金凉鞋被鸟偷走，扔在了法老的宫殿上。诧异的法老对这双金鞋万分好奇，就像法国佩罗的故事里写的那样，他思忖着能穿上这双小鞋子的女孩将是他的新娘。洛多庇斯穿上了金鞋子，于是和法老结婚，从此不再受艰辛劳作之苦。佩罗的表述则让灰姑娘出身于好家庭，经历了母亲去世的不幸、父亲昏了头脑的再婚，她被剥夺了社会地位，被迫做仆人伺候继母和两个恶毒的继姐姐。灰姑娘如此贤良淑德，从不抱怨，于是得到仙女教母的慷慨回报，安排这女孩穿上漂亮衣裳去见她的王子。最终，被遗失的水晶鞋带着她踏上了通往幸福生活的路。

在嫁给王子之前，灰姑娘的坚韧表现为她有极强的忍耐力，

1 因为这个缘故，赛默海科女士还认可一种传闻，即夏尔·佩罗的童话中水晶鞋最初是用灰鼠皮或皮草制成的，之所以变成了水晶鞋，是翻译有误，是“都市童话”。（作者注）

但其他版本的故事还让卑鄙的主角因其社会野心受到惩罚，展露出每一个道德训诫故事的黑暗面。在佩罗的故事中，灰姑娘很快就原谅了加害她的人，说明她的心地纯良，哪怕对罪有应得的恶人也能宽恕。德国的格林兄弟在19世纪初期改编了这个故事，赋予灰姑娘以贵族的出身，两个继姐姐鸠占鹊巢，而作者对她们可不那么客气了。当村子里都在传说王子带着小鞋子来了，邪恶的继母砍掉了女儿们的脚后跟、脚尖，以期她们能穿进鞋。王子显然也不太聪明，他先选了姐妹俩中的一个，后来又选了一个，在回去的半路上才发现水晶鞋里流满了血。此时我们的女主人公有了机会把脚伸进自己的水晶鞋，她的地位才得到恢复，可以说这个故事强化了社会秩序的必然性和主导性。

这一主题在汉斯·克里斯蒂安·安徒生（Hans Christian Andersen）1849年创作的黑色童话故事《红鞋子》（*The Red Shoes*）中体现得尤为突出。诺埃尔·兰利或许并不知道这个童话，他把多萝西的鞋子从银色改成红色这一急就章的决定，正好和《红鞋子》中给了那自负小女孩教训的恶魔鞋子是一个颜色。传统上，红鞋子是与高贵身份匹配的。16世纪时，红染料最昂贵，因为它必须从墨西哥进口。在17世纪的巴黎，路易十四下令，只有宫廷里的臣子、妃嫔才有资格穿红跟鞋。

在《红鞋子》中，农家女孩卡琳本是孤儿，幸运地被贵妇人收养，但她却不感念自己的好运，长成了既虚荣又自以为是的人。她并不满足于仅仅只是富有，还想成为王室的公主。她发现真的公主穿着一双红鞋，便哄骗几近失明的母亲给自己也买了一双。她珍视红鞋超过珍视给她买这双鞋的母亲，毫不顾忌严格的着装规范，去教堂时都穿着这双红鞋。最后，在母亲病危之际，她却抛弃了家庭，跑去跳舞。于是她不可避免地得到了上天的惩罚：一旦她开始跳舞就停不下来了，那双红舞鞋根本不愿稍作停息，一刻不停地旋转，让卡琳筋疲力尽。她无法参加母亲的葬礼，最后不得不让当地的刽子手砍掉自己的双脚。但红舞鞋依然在折磨她，就在她戴着木腿，拄着拐杖，一跛一跛前去教堂忏悔的时候，那双红舞鞋还在教堂的门口跳舞。故事的结尾，卡琳做了女佣，找到了心中的上帝，刹那间她被引向了天堂。

和灰姑娘的两个姐姐一样，卡琳因为对自己社会地位不明智的奢望对自己拥有的东西不加感激，而受到了惩罚。安徒生还在《小美人鱼》（*The Little Mermaid*）中传达了这一信息。故事中的小美人鱼放弃了温馨舒适的水下家庭生活，去追求人类的王子，却发现王子爱着一个公主（自然会是这样），她的决定让她痛苦不堪——尾鳍被劈成双腿，双脚一踏向地面就像踩上碎玻璃。有魔法的鞋子相当狡猾，它给出的是奖赏还是诅咒，几乎完全取决于穿着它们的人的灵魂。就像电影观众所看到的那样，红宝石鞋在女巫的手中会变得冷酷无情，这是它们在惩罚对奥茨国进行恶毒算计的恶女巫。灰姑娘的水晶鞋抬高了她的社会地位，多萝西的红宝石鞋让她回到了朴素的家，但两个女孩有个共同点，那就是她们的闪光人性和正义感，以及面对巨大挑战时不屈不挠的精神。

多萝西的情形尤为值得特别书写，因为奥茨国的富有没能诱惑她。她的魔幻经历让一个做白日梦的人变成了现实主义者，最终明白了堪萨斯才是她的桃花源。这些浅显的童话故事喋喋不休地讲着文化价值，但绝不会奖励背信弃义的投机分子——那些恶人总是不择手段、费尽心机、无休无止地妄想染指世上闪闪发光的珍宝。

图1→p16

图1 装饰有蕾丝、亮片的皮革高跟穆勒鞋，这种鞋只在客厅里穿，流行于1880年代的德国。那时室内普遍采用煤气灯照明，鞋子上的闪亮装饰可以迅速吸引大家的注意力。

图2→p17

图3→p24

图2 有17个珍珠嵌银纽扣的女士长靴，在1880年代这种由扣子组成装饰性曲线的靴子是女士们必不可少的配饰。19世纪末20世纪初，靴子上有大量扣子是富有的象征。

图3 高鞋面系带的高跟鞋，日常穿着，由麂皮和小牛皮拼接制作，萨尔瓦多·菲拉格慕设计于1928年。

图4→p28

图5→p28

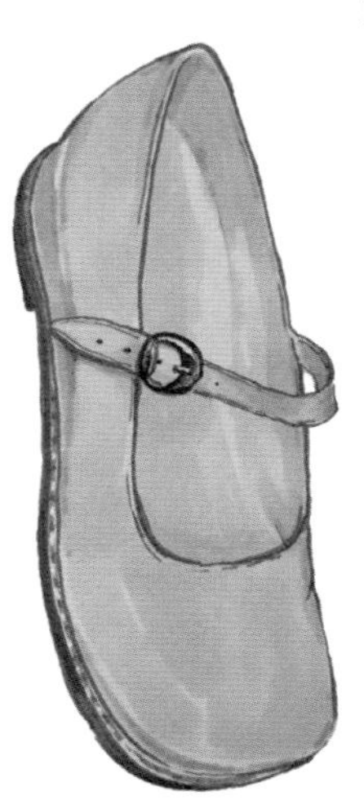

图4 在咆哮的1920年代，美国飞女郎们喜欢穿着这种有亮闪闪水钻鞋扣的高跟鞋进舞厅跳舞。美国BOB公司出品于1920年代。

图5 加拿大鞋履设计师夫妻档彼得和琳达·福克斯（Peter & Linda Fox）在1994年推出备受争议的Toddler系列，这是其中的玛丽·珍鞋。这款鞋遭到强烈批评，评论认为它们是年度“最堕落的配饰”。彼得辩解，他只是单纯想复制19世纪婴儿学步鞋的舒适和纯真。这种孩子气的平底鞋成为凯特·莫斯、考特妮·乐芙体现个人风格的利器。

图6→p28

图6　　粉红色缎面丁字鞋，Pinet出品于1920年代。

图7→p28

图8→p36

图7 饰有毛边的菱形格棉靴，1900年流行于美国。这种靴子名为“朱丽叶”，出行时在车上穿着，到了目的地就脱下来，换上晚宴鞋。

图8 凉鞋，鞋跟为软木，鞋面和鞋带为染色的酒椰纤维，萨尔瓦多·菲拉格慕设计于1935年，他的灵感来自沙滩草帽。

图9→p36

图10→p36

图9 萨尔瓦多·菲拉格慕于1935年设计出的第一双软木底楔形鞋。

图10 1938年，萨尔瓦多·菲拉格慕为一个舞台剧设计的高水台松糕鞋，极富戏剧效果，如一件雕塑作品。

图11→p37

图11　包脚尖、露后跟的楔形坡跟鞋，萨尔瓦多·菲拉格慕设计于1944年。他雕琢两块木头，拼出了一个F形鞋跟。

图12→p50

图12 艾德里安为多萝西设计的红宝石鞋。

图13→p99

图13 法国鞋履设计大师安德烈·佩鲁贾（André Perugia，1893–1977）设计于1930年代的高跟船鞋。这两双鞋采用了丝绸、蛇皮、金属等多种材料，充分体现了佩鲁贾多种材料混搭的设计理念和高超工艺。

图14→p99

图14 高跟穆勒鞋，生产于1789年。鞋面的三色玫瑰花装饰采用了法国国旗的颜色，意喻着法国大革命的精神。

图15→p105

图15 1940年代，美国出产的高水台鞋。战争时期鞋子的款式和颜色受到严格限制，设计师便用莱茵石、铆钉来装饰鞋子。

图16 鞋面上的装饰扣为鞋子平添了个性或戏剧化的效果。

 图17→p128

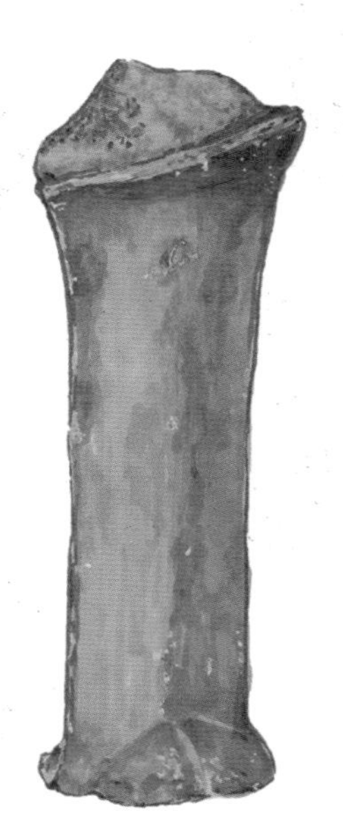

图18→p128

图17　威尼斯花盆鞋，用天鹅绒制成，约1560年。16世纪的英格兰，一位新娘如果靠穿花盆鞋虚报身高，她的丈夫会被剥夺头衔。

图18　威尼斯花盆鞋，木质鞋底高20英寸（约50.8厘米），鞋面用皮革制成，约15世纪后期。

图19→p128

图19　　17世纪在意大利流行的花盆鞋，鞋跟高7英寸（约18厘米）。

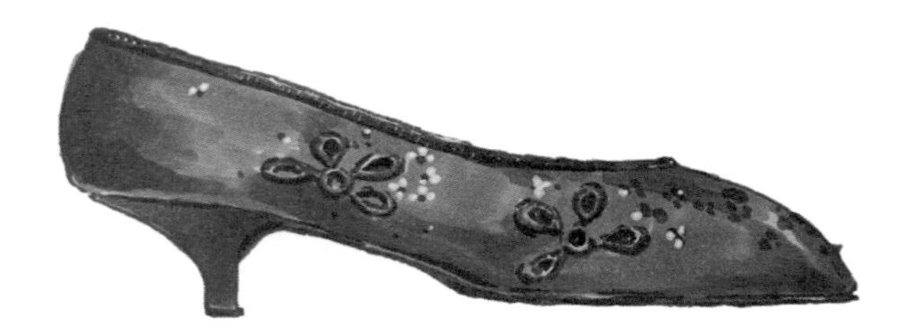

图20→p130

图20 黑色山东绸刺绣钉珠高跟鞋，1950年代罗杰·维维亚为亨氏家族女继承人德鲁·海因茨设计。

图21→p140

图21 萨尔瓦多·菲拉格慕在1956年用18K金做出了这双凉鞋，卖出了前所未闻的1 000美元一双。

图22→p149

图22　马鞍鞋，一种拼色牛津鞋，浅帮、系带，鞋的帮面常用色差鲜明的材料缝制。

图23→p160

图23 卡培娇芭蕾鞋，出品于1955年。卡培娇原本是专业做舞蹈鞋的品牌，1940年代，运动鞋设计师克莱尔·麦卡德尔（Claire McCardell）建议给舞蹈鞋加上硬鞋底，让卡培娇芭蕾鞋从舞台走向了街头。奥黛丽·赫本和肯尼迪夫人喜欢穿长裤配芭蕾鞋，让卡培娇流行起来。

图24→p163

图25→p164

图24 月球女郎平跟靴，安德烈·库雷热设计于1964年。

图25 拖鞋，圆球的灵感来自1960年代的太空元素，透明的鞋带是材料科技发展的体现，它让脚看上去似乎没有穿鞋，使得人们注意力集中在了银色的圆球上。马诺洛·布拉尼克设计于1992年。

图26→p165

图26　科迪斯潜行者鞋，出品于1996年。有个统计，潜行者鞋的穿着者平均每年步行2 000英里（约3 200公里）。

图27→p166

图27 匡威全明星鞋，出品于1923年。这款鞋首开无性别运动服饰的先河。

图28→p169

图29→p169

图28、29 勃肯鞋是反时尚、性别平等的宣言。第一款勃肯鞋是两根鞋带的“亚利桑那”（Arizona），如今勃肯凉鞋已经有四十多种款式，但销量最好的还是“亚利桑那”。

图30→p182

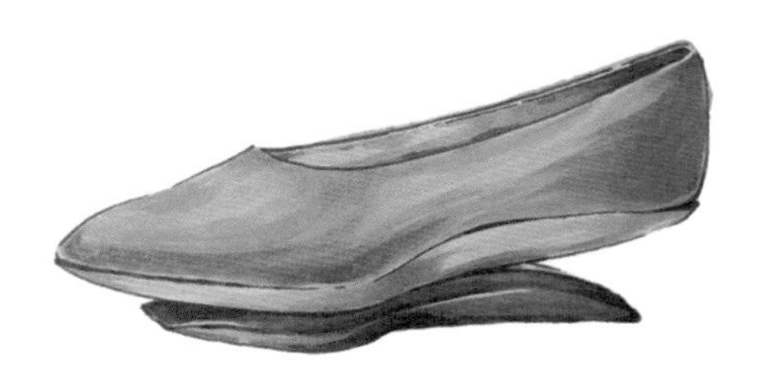

图31→p188

图30 贝思·莱文在1964年设计的鞋子“歌舞伎”(Kabuki)。他根据空气动力学原理设计鞋底，力图让穿着者有踩在云端漫步的幻觉，在太空时代他给出了艺术性的潮流方案。

图31 意大利设计师朱里奥·科泰拉西(Giulio Coltellacci)于1968年为《太空英雌芭芭丽娜》设计的过膝高筒长靴。

图32→p203

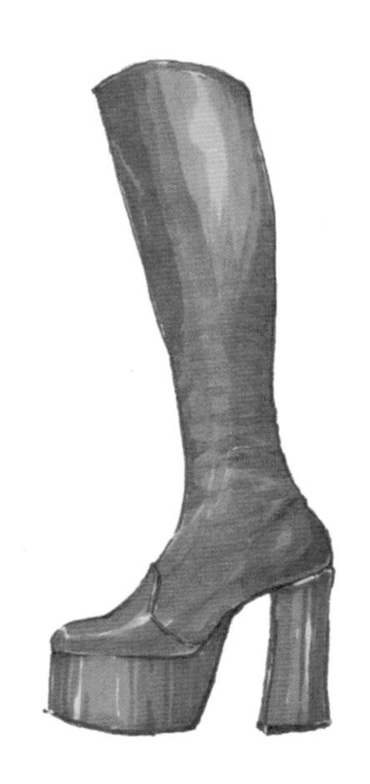

图33→p204

图32 比芭于1968年推出的高水台长筒靴，鞋跟高5英寸（约18厘米）。靴子一经推出，就引起轰动，年轻人排起长队，一靴难求，一两个月内就卖出75 000双。

图33 普廉尖鞋，产于土耳其。

图34→p236

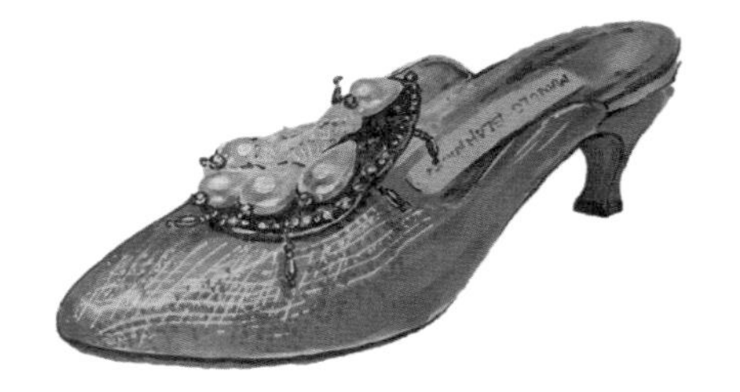

图35→p236

图34　“珊瑚项链”穆勒鞋。

图35　“巴洛克”拖鞋。图34和图35均为马诺洛·布拉尼克设计。

图36→p239

图36 薇薇安·维斯特伍德在1994年设计的“恨天高”蟒蛇皮鞋，水台高23厘米，曾让穿着它们走秀的超模娜奥米·坎贝尔摔倒在T台上。

图37→p239

图37 似乎是为了与莫利唱反调，薇薇安·维斯特伍德设计出有隐藏水台的高跟鞋，并且用了斑马纹翻毛皮，这种图案一般用于夜店或朋克。

图38→p283

图38　　马丁医生靴，出品于1996年。

图39→p304

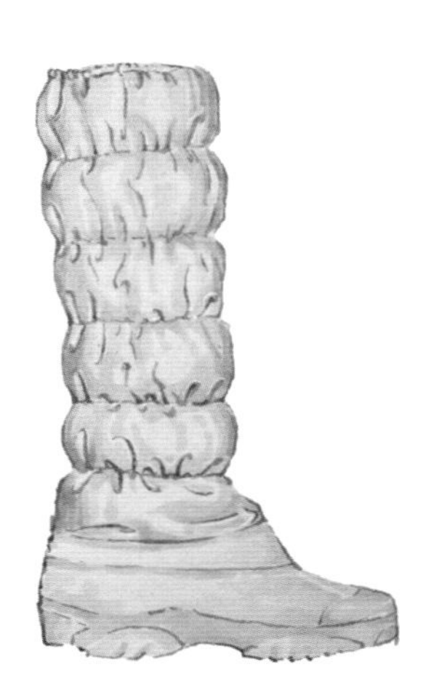

图40→p304

图39 彩色装饰麂皮长靴，Two City Kids出品于1990年。设计师把彩色拼接装饰物用在长靴上，说明了一种趋势：更关注装饰，赋予靴子更多娱乐性。

图40 月球靴，出品于1994年。

图41→p304

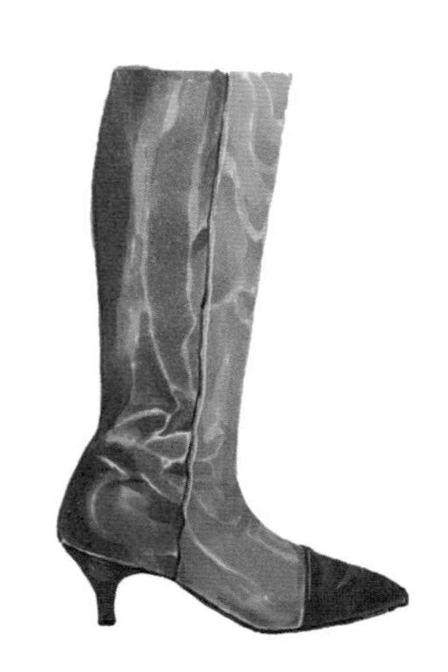

图42→p326

图41 米字旗“想要”乐福鞋，与辣妹组合的成名歌曲*Wannabe*同名，出品于1996年。它和图40的月球靴均为加拿大设计师帕特里克·考克斯（Patrick Cox）设计。

图42 长靴，周仰杰设计于1992年。长靴最早是由私贩子、盗贼所穿，便于他们把赃物（booty）藏在靴筒里，因此用“穿长靴的人”（bootlegging）来指代走私犯。

图43→p326

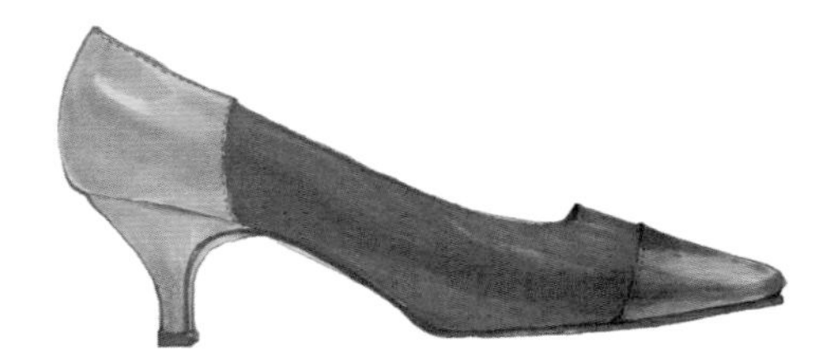

图44→p337

图43　周仰杰设计的拼色鞋。

图44　克里斯汀·鲁布托设计的红底鞋，均为1990年代设计。

画报女郎
和
神奇女侠

3

Back to the Drawing Board

（1937 —1943）

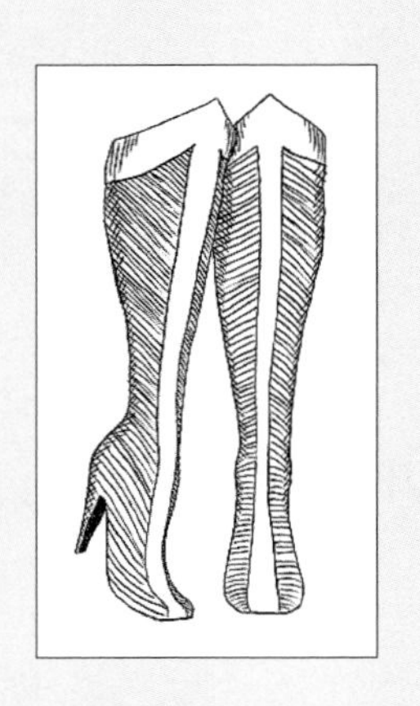

在全面参战以前，美国人就恨希特勒。希特勒是个窃位者，就像“西方的恶巫婆”，理直气壮地攫取本不属于他的东西，使本来就脆弱的国际社会更加不稳定。《绿野仙踪》首映后没几天，纽约尤提卡地区出版的《观察家报道》（*Observer-Dispatch*）就刊出了一幅标题为《不那么美好的奥茨国》（*In the Not-so-Merry Land of Oz*）的讽刺漫画，把希特勒描绘成一个头戴尖帽、骑扫帚的恶棍，多萝西和她的同伴则是盟军。当轴心国的铁骑横扫全球时，男性的职责——做英雄好汉——便清晰起来。但是，女性在战争中的位置没有那么容易界定。1939年，英国有150万女性加入劳动大军，美国人却还在这个充满敌意的黑暗世界上为女性魅力保一席之地。美国女人应该像英国女人一样找到投身战争的方式，还是就做个无辜地大睁着双眼的旁观者？是踩着细长高跟鞋的美丽缪斯？或是完全不同的另一种形象——穿着紧裹双腿、性感火辣靴子的慈悲化身？

朱迪·嘉兰以她与生俱来的魅力和纯真赢得观众的同时，拉娜·特纳则是小报追逐的热点。她的表演和她风暴般狂放的感情生活一样闻名。拉娜·特纳是朱迪·嘉兰的同辈女星，有时亦是对手。在制片厂体系的统治下，所有的公共话题（理论上来说）都是好的公关宣传，但也必须事先经过好莱坞造星机器的净化过滤。拉娜父亲的早逝就是一例。在她只有10岁，还叫朱莉娅·金·特纳（Julia Jean Turner）的时候，挚爱的父亲就去世了。新闻界的报道说他死于突发心脏病，丢下悲伤的孤儿寡母撒手人寰。多年以后，拉娜自己承认父亲是个酒鬼、赌棍，在一场黑社会参与的牌局后被杀，他平时藏钱的袜子都被抢走了。再比如拉娜15岁时在饮料机旁边被发现的传奇，所有关于她的早期报道都津津乐道这件事，简直成了浮华城的口头传奇，证明着洛杉矶是梦之城。据说，拉娜正在饮料机边喝一杯麦乳精，一个记者走上前来问她:“你想演电影吗?”她那时候还年幼，但也知道什么是勾搭女孩子的花言巧语，不过这个搭讪的W.R.威尔科森（W.R.Wilkerson，杂志《好莱坞报道者》（*Hollywood Reporter*）的创始人）倒是认真的。拉娜后来证实这个故事大部分是真的，但是公开的部分省略掉了她当时从好莱坞高中翘了课；还有她喝的是可乐，不是麦乳精，因为可乐只要5分钱，她只买得起可乐。

威尔科森把拉娜介绍给了星探杰波·马克斯（Zeppo Marx），杰波·马克斯带她拜访了华纳的选角导演后，又带她见了制片人和导演默文·勒罗伊。勒罗伊没怎么跟她寒暄，只让吓呆了的少女撩起裙子给他看大腿。勒罗伊挺喜欢拉娜，为她改了名字，安排她在1937年的电影《永志不忘》（*They*

Won't Forget）中扮演一个小但是非常关键的角色。这部电影里，一个南方女孩（拉娜饰演）被强暴和谋杀了，整个小镇都行动起来寻找凶手。拉娜穿着黑色的铅笔裙和紧身套头毛衣，腰间系一根纤细的黑色腰带，颈部束了条方巾，圆润饱满的身材曲线毕露。她歪戴着贝雷帽，大眼丰唇在圆脸上甚为突出。她的造型清晰地刻画出豆蔻少女正处在清纯女学生和性感女人之间的那种状态。她与母亲一起出席放映式时，青春期的自我意识迅速压倒了在大银幕上看见自己的狂喜。她扮演的角色出现在了银幕上，拉娜看见了"一个尤物"波澜起伏的胸部和臀部。观众席上有男人吹起了口哨。灯光一亮，她就溜出了影院。她意识到是她的身体而不是表演给观众留下了印象，并为此感到羞耻。

拉娜成了"毛衣女郎"（The Sweater Girl），这个诨号暗示了她胸部之丰满。这一形象继而激发了"邻家女孩"风格的招贴画，画面上，美国丽人们无一不是半裸，姿态挑逗。

描画充满挑逗性的半裸美女是阿尔伯托·瓦格斯（Alberto Vargas）的专长。瓦格斯在好莱坞的朋友知道他业余时间画性感美女，便拿他打趣："你以为你是谁？乔治·佩蒂（George Petty）吗？"[1]瓦格斯想，我应该有那种运气。佩蒂画中的女

1 George Petty，美国20世纪二三十年代著名的性感女郎招贴画艺术家。（译者注）

郎曲线玲珑，生气勃勃，总是绷直脚尖，以拉长腿部线条，还穿着各种各样的鞋子——性感高跟鞋，芭蕾鞋或牛仔靴。这样的画登在全国性杂志《君子》（*Esquire*）上，一幅差不多可以卖到1 000美元。那时瓦格斯还只限于为电影公司画些小明星带有挑逗性的肖像，这种工作考验他的艺术技巧，但不需要什么想象力。每天晚上他在家里以妻子安娜·梅·克里夫特（Anna Mae Clift）为灵感源泉，画梦中女郎。他们还在纽约时，安娜·梅是齐格菲歌舞团（Ziegfeld Follies）的舞蹈演员，就成为他的第一个模特。安娜·梅为他当了多年的模特，搔首弄姿之余也向他暗送秋波，但是这位秘鲁出生的画家举止保守，一直与她保持距离，就算她赤身裸体站在面前，也只称其为“克里夫特小姐”。

瓦格斯并不是没骨气的软蛋，他最终赢得了女孩的芳心。朋友们取笑他，他反击道：“我比佩蒂画得好。如果我想，就能取代他。”

一年后，他的这份信心得到了试炼。这时，阿尔伯托因为参与艺术家同行们的罢工遭到封杀。他急于获得收入，安娜·梅鼓励他回纽约——广告业的心脏，看看能否找到自由撰稿的工作机会。大概在同一时间，佩蒂对《君子》提出的要求越来越过分。他的画很受欢迎，但杂志发行人认为他喜怒无常，自以为是，总占杂志的便宜。

阿尔伯托关上电梯铁栅门、按下按钮时，并不知道自己正向《君子》杂志编辑部走去。一个朋友安排他去会见“考夫曼先生”；虽然他早听到小道消息说《君子》在找能代替佩蒂的人，但他不愿给《君子》寄自己的作品，怕多年的勇气和梦想会被一次令人心碎的拒绝击垮。直到他推开通向《君子》编辑部的门，才明白朋友竟然把他引荐到了这里。阿尔伯托把自己的作品集给考夫曼先生和纽约办公室的负责人西德尼·卡罗尔（Sidney Carroll）看了，后者马上给芝加哥总部打电话，宣布他们已经找到了一个艺术家，“比佩蒂还强的佩蒂”——老早以前，瓦格斯就有这样的自我评价。

阿尔伯托又去中西部（芝加哥）转了一圈儿，与发行人见了一面，便得到了与杂志合作的3年合同。杂志保证每周付给他75美元，还有作品销售额的50%的报酬。《君子》杂志董事长大卫·斯马特（David Smart）向画家提出一个小小的要求：这位天才是否愿意把自己姓氏的最后一个字母s去掉，改为瓦格（Varga）。像“佩蒂女郎”一样，“瓦格女郎”有一种难以名状的魅力，斯马特可以想象到“瓦格女郎”这个词已经在读者中众口相传。阿尔伯托因为梦想工作（还有每周的支票）已经到手而欣喜若狂，于是欣然同意。

瓦格斯在这时候成为美国最负盛名的裸女绘画艺术家，真是天赐良机。1940年10月，第一位“瓦格女郎”登上《君子》杂志；一年后的1941年12月7日，珍珠港事件爆发，将美国从孤立主义的沉睡中惊醒。一夜之间，美军将士一批批登上军舰，向海外进发，挥别了同床共枕的妻子、女友或情人。宣传画制作公司料到士兵们的海外戎马生活将迎来漫漫孤独的长夜，于是迅速作出了反应。他们大量制作拉娜·特纳、珍·罗素（Jane Russell）以及贝蒂·葛莱宝（Betty Grable）等性感女星的海报，她们衣着暴露，摆出调情的姿态，极大地鼓舞了士气。士兵们珍爱地把海报贴在柜子里。瓦格斯尽可以最大限度地发挥他的想象力，画出仪态万千的性感女郎，她们的身材不拘于真实生活中女性的比例，姿态和尺度也超越了现实中演员和模特的意愿所能。他在1941年出版的第一本年历中绘制了年轻苗条的女郎，均有着盈盈一握的腰肢和波涛汹涌的乳房。她们有褐发、金发或红发；有些穿着内衣，有些则是无上装；几乎所有的女郎都穿着高跟鞋，或绷着脚尖，没穿鞋的光脚也弯成穿着高跟鞋的弓形。

虽然瓦格女郎的性感几乎不可能存在于现实中，鞋子却赋予了她们“邻家女孩”的气质，使倾慕者们相信瓦格女郎是真的，并非幻想：这样的幻想早在19世纪初开始就在色情图画中有所表现了。超性感画面中出现的高跟鞋越多，高跟鞋本身越富于性的意味。这使高跟鞋成为女性性感（或者说，至少是男性眼中的女性性感）必不可少的配饰，并强化了高跟鞋固有的性感意味（图13、14）。高跟鞋富于诱惑意味出于以下几个原因：从身体上，高跟鞋改变了女人的重心，使她们的胸部和臀部更加突出，而且走动时臀部左右摇摆。女人性高潮时脚会弯曲，高跟鞋的坡度强制性抬高女人的脚跟，与做爱时女人双脚的弧线极为相似。男士高跟鞋在时尚史中只是昙花一现，高跟鞋便彻底成为女性的服饰，像内衣一样，带上了不安分和突破规矩的意味。最后一个原因，高跟鞋在设计时天然借鉴了女性身体的曲线，在观者心中清晰地勾勒出女性形象。持有潜意识观点的弗洛伊德博士认为，高跟鞋代表了多种形态的扭曲情欲，因为高跟鞋同时隐喻着男性和女性的生殖器[1]。对女人来说，高跟鞋提供了阳物崇拜的替代品，是对阴茎羡妒——对应的是女性的阴道牙齿——的回应；但鞋子被脚“进入”，也暗示着（弗洛伊德多少会这样认为）阴茎进入了阴道。不论心理分析的理论是否让瓦格女郎更加活力四射，她们的的确确在士兵和平民中唤起了共鸣。1941年1月11日出版的《纽约客》（*The New Yorker*）“城中闲话”（Talk of the Town）栏目试图分析其中的原因：“瓦格年历……可能正是我们现在需要的东

图13→p67
安德烈·佩鲁贾设计的高跟船鞋。

图14→p68
高跟穆勒鞋。

1　他也许是对的。在20世纪40和50年代，加拿大神经外科医生怀尔德·潘菲尔德（Wilder Penfield）创制出人类大脑图样。经过一系列实验，他发现不仅人体某些高度灵敏的部位，比如嘴唇和手指，对应着相当大面积的脑灰白质，并且人体的大脑图样也并非总和它的具体形态相对应。在验证潘菲尔德结论的过程中，神经学家V.S.拉玛钱德郎（V.S.Ramachadran）发现了一些有趣的现象，在我们的大脑中，生殖器官对应的部位居于足部之下。（据瓦莱丽·斯蒂尔（Valerie Steele）所著《鞋子：风尚词典》（*Shoes：A Lexicon of Style*），第113-114页。）（作者注）

西。凝视这本年历，我们可以把每个月份视为一场不同的与陌生俏佳人的艳遇，一整年便是一场无伤大雅的苏丹后宫享乐之旅……8月，入侵的月份，一个可人儿俯卧在海滩上，仅被透明的帽子遮着一点点。10月，天空可能布满轰炸机，画片上的射箭女郎从脚趾到臀部一丝不挂。11月，浓雾像裹尸布般紧紧包覆住了英吉利海峡，当月是一个穿着紧身裙的金发女郎，裙子像手指关节上的皮肤那样紧。世界末日的标志是美丽的大腿，混沌初始则有娇艳的翘唇来迎接。”

从前线发回的报告看，形势的确非常严峻。报纸和新闻短片不断传来消息，如希特勒的军队正深入苏联境内。在法国维希政府的默许下，日本攫取了法属印度支那。在战火燃遍欧洲，美国卷入战争的可能性升级之际，一个名叫威廉·莫尔顿·马斯顿（William Moulton Marston）的心理学家创造出了一个女人：她不会眨动睫毛调情，也不会穿着薄薄的长睡衣摆出俯卧的挑逗姿势；相反，她将勇气、同情和善良以非暴力的方式交织在一起，去拯救世界。她是神奇女侠（Wonder Woman）。

这是超级英雄的时代。超人于1938年亮相，蝙蝠侠在1939年接踵而至。同时还涌现出一大群英俊而生气勃勃的类似角色，只是后来的读者对他们并不怎么欣赏。现实生活中，漫画读者对希特勒、墨索里尼满怀恐惧，这些人物很容易就与最邪恶成性的卡通反面角色融为一体，读者们则在五花八门的好人永远战胜邪恶的故事中得到了安慰。对马斯顿来说，人类善良的巅峰形象只能由一种方式提升：改换性别。这是一个启发性的观点：当时的女英雄或者屈就配角，或者被处理成一种“类型”（专家解释说就是类似西部片或太空片）。马斯顿告诉漫画史学者库尔顿·瓦奥（Coulton Waugh）：“坦白地说，神奇女侠是一种心理宣传，我认为她代表着应该统治世界的新型女性。男性这种生物没有足够的爱来维持地球和平运转……女性缺少的是主动追求和实现她爱欲的支配力和坚决的意志。我赋予了神奇女侠这种支配力，但保留了她的爱情、温柔、母性和女性等各方面的特质。”

神奇女侠首次出现在1941年的《全明星漫画》（*All Star Comics*）第八期上。到1942年，她被认为是第一个足够强大的女性角色，有了独立的漫画书。马斯顿倾向于把她塑造为女性主义楷模。他在1943年对《美国学人》（*The American Scholar*）说过的话很有名：“女人们不想成为女人，因为我们的女性形象缺乏力度、勇气和力量。她们不想成为女人，当然也不想如同好女人那样温柔、顺从、和气。因为女性现有的弱点之存在，女性的长处也被唾弃了。显而易见的改善方式是创造一个拥有全部超人力量的女性形象，再赋予她善良美丽的女人的所有魅力。”马斯顿是个有点怪的人：他有哈佛的博士学位，对于漫画只是热情票友，但还是把空闲时间都用来画漫画。他有两位妻子：伊丽莎白·马斯顿（Elizabeth Marston）和奥丽弗·伯恩（Olive Bynre）。他们是共同生活的多配偶关系。威廉和奥丽弗的儿子伯恩·马斯顿（Bynre Marston）解释说："他们共同生活在一起，相当和谐。每个女人有两个孩子。我和我兄弟也由伊丽莎白和比尔正式收养了。”他相信他的母亲是神奇女侠的人物原型。“我认为她比伊丽莎白更像神奇女侠。伊丽莎白矮小、和善，完全不是神奇女侠那样的女人……（奥丽弗·伯恩）则是黑发蓝眼，很苗条。她有许多很大的印度银镯，很重。她每只手腕上都戴着一只，多年如此。”神奇女侠的武器是无法摧毁的手镯、金色的“真相套索”和隐身飞机，她的非暴力手段可以战胜最具威胁性的敌人。马斯顿把神奇女侠塑造为和平外交的传声筒。“子弹从未解决过任何一个人类的问题，”她的男友斯蒂夫·特莱弗（Steve Trevor）把枪口对准“猎豹”——她的大猫敌人时，她这样劝告他。

她的服装造型直接呼应了超人，更加上了向美利坚星条旗的致意。在战争年代，她的短裤一开始被画成有点蓬乱的裙裤，后来改成了更为性感的蓝底白星短裤。神奇女侠的原型穿的是红色高跟皮靴，正面有一根白色竖条。约翰·韦尔斯（John Wells），华盛顿特区漫画史学家和《神奇女侠百科全书》（*The Essential Wonder Woman Encyclopedia*）的作者之一，研究了神奇女侠的鞋子这一有趣细节："由画家H.G.彼得（H.G.Peter）最早绘制的神奇女侠构思草图几年前被发现了。在初稿里她穿的是高跟凉鞋。'这鞋子看着像速记员穿的。'彼得在页边上写着。威廉·莫尔顿·马斯顿可能是把神奇女侠的鞋子改为靴子的那个人，虽然他的动机今天已经无法得知了。超人、蝙蝠侠、鹰眼、绿灯侠等超级英雄们都穿靴子，他可能想让神奇女侠和他们一样。"显而易见，靴子造型并非来自日常生活服饰。当时的女人白天大都穿坡跟鞋或中高跟的系带牛津鞋；夜间场合则会换上鞋面有T形袢的凉鞋，或更为挑逗的露后跟凉鞋。她们只在下雨的时候才穿靴子，而且穿的是实用的橡胶套鞋，套在日常鞋子外面，防止弄湿。

神奇女侠的衣着随着时代和艺术家的更换而变化。她的鞋子的变化（显著和不那么显著的）则包括有条纹或无条纹，有跟或无跟，还有20世纪40年代后期在靴子顶端的"鸭嘴"状白色反折。

对美国人来说，世界大战战事越深，大萧条的感觉就越远。

虽然经济好转，但因为战争的关系，政府仍然必须实行一些物品的配给制，哪怕消费者们口袋里又有了些钱，可以用于购买消费品。1943年的2月7日是星期天，美国赢得瓜达卡那尔岛的关键性胜利的前一天，战争生产委员会于下午2点30分宣布鞋的配给制将于3点开始，给商铺一天的“冻结”时间，好让他们把销售的鞋分为配给类——“全部或部分由皮革制作的鞋和所有的橡胶底鞋”，以及非配给类——“软底与硬底的室内拖鞋和婴儿软底鞋、芭蕾式凉鞋、普通防水鞋”。咖啡、汽油、糖等物资早已实行了管控供应，但鞋是第一类实行配给的服装类物资。为了防止投机者在新的配给券印出来以前大量囤积，政府直接指定第17号券用于鞋类购买。从2月9日到6月15日，每家每人可以买一双鞋。

最初的配给令供应每人每年3双鞋。鞋子的配给被认为是预防物资短缺而采取的措施，并不是紧急行动。因为生产商还有充裕的产品，法律的实施是为了保证物资能在公民中被合理公平地分配。调查显示，美国人在之前5年中平均每年购买3.7双鞋，但1942年的销售呈现戏剧性的增长，短缺的威胁看似迫在眉睫。“除实行配给制之外，只有一种选择，”2月8日的美联社新闻解释道:“那就是迫使制造商生产毫无吸引力的鞋子，令人们除非必要否则根本没有购买欲。”事态正是如此。配给令不仅规定了消费者可以买多少鞋，也规定了制鞋企业从此只能生产什么样的鞋。1/3的制鞋皮革归军队所有，任何形式的浪费和俗艳设计都被立即禁止。对男性来说，这意味着运动鞋和正装鞋上的皮革要被其他材料取代，他们用17号配给券买到的皮鞋可要好好珍惜。对女人而言，拥有各种各样的鞋子这样的理想状态，如今成了违法行为。美联社的报道说："鞋的颜色将从6种减少到4种——黑色、白色、乡镇棕色和红棕色。金色与银色将被禁止……女鞋鞋跟的高度将缩减到不超过英寸。皮靴的长度不得超过10英寸。女鞋的皮质高水台将被取缔。"至于装饰性元件："鞋带、花哨的鞋舌、非功能性的边线、额外的绗线、皮制蝴蝶结，等等，都将被取消。（图15）"法律亦禁止制鞋公司只生产高价鞋，以保证各种经济背景的消费者都能买得起新鞋。连利润甚丰的电影公司也受到影响。鞋类配给令发布一个月以后，1943年3月7日的《哈特福德新闻报》（*Hartford Courant*）上的一篇文章里，派拉蒙的服装师承认："我们3年前就不给明星们提供鞋子了……在特写镜头里反正你也不会看到人的脚……以前我们给每个明星都准备了一架子的鞋，但现在他们得靠自己。"明星要从自己的鞋柜里挑选鞋子，剧装设计师伊迪斯·海德（Edith Head）解释道："我根据明星自己的鞋来设计衣服。"

图15→p69
1940 年代的高水台鞋。

在这种情况下，美国国家制鞋企业协会（National Shoe Manufacturers'Association）副主席W.W.斯蒂芬森（W. W. Stephenson）向他的同业发表了一篇严肃的讲话。他站在肩负为“夫人们”（制鞋行业对女顾客的特定称谓）生产耐穿鞋子的男性鞋业代表们前，历数了在战争年代制鞋行业遭到的种种中伤，并严肃地总结：“不管喜不喜欢，我们都必须把华盛顿的要求放在今日美国制鞋业的首位。”他继续说道：“制鞋业和皮革业一直处于政府的各种管控之下……M－217（于1942年9月开始施行）规定可以制造多少鞋子，如何制造鞋子，以及如何把鞋分销到顾客手里。GMPR（Government Maximum Price Regulation，政府最高价格监管）规定了价格和销售方式。17号配给令规定了消费者如何购买和使用你们的产品。战争人力委员会规定了你们能雇用什么样的人，国家战争劳动委员会规定了你们应该给雇员开多少工资。”斯蒂芬森列举了这一串不公的财政待遇后，开了一个干巴巴的玩笑：“这解释了现在的制鞋人和制革人为什么一个个表现得轻松随意无所牵挂，不必操心任何管理问题。”

起初，操持日常生活的女人仍然用配给券购买她们想要的鞋子，而不是需要的鞋子，仿佛摆在鞋架上的不实用的鞋子预示着好日子终将会到来。1943年2月9日，第一个“解冻”的日子，新的鞋类购买限制出台时，商店里挤满了热情的顾客，“配给券纷纷变成了性感鲜艳的皮凉鞋、尖跟高耸的麂皮礼服鞋和各种各样的时髦船鞋”。即使如此，随着战争的深入，女人们还是意识到，值得盛装打扮的理由越来越少了。难以计数的男人报国从军，留下大量的女性。她们被告知须得担起爱国的重任，进入工厂和农场干传统的男人活，以维持国家的运转。600万女性加入劳动大军，意味着秀美的露跟凉鞋不能再派上用场。女人开始购买耐穿的厚底鞋子，以便在寒冷天气里和从事体力劳动时穿着。

新工作当然需要新的衣着方式。和平时期的女人几乎不需要穿长裤，但忽然间她买了好些条长裤，每天早上穿起裤子去上工。她和别人拼车去工厂上班，穿的是舒适方便的平底鞋；她跟别的处境相似的女人每天一起工作。已婚女人焦急地等着丈夫回来，成了临时的一家之主。生产线上有很多女人和她情况差不多，有一些比她大至少10岁。不少女人在战争开始以前从来没有工作过，也有不少经济窘困的女人认为后方为她们创造了新环境，意味着更好的工作机会和更丰厚的薪酬。一向是有力宣传机器的好莱坞，被号召要让观众看到鼓舞人心的正面故事。哥伦比亚公司拍摄了一部脱离现实的战争电影，发型师就收到了来自一座军工厂的信，要求“给扮演军工厂工人的女演员设计发型必须只考虑简朴和安全。女工从银幕上学来长而飘逸的波波头，或者满头堆着卷发，要么是染了各种缤纷的颜色，严重威胁到生产安全”。拉娜·特纳将头发做成短短的“胜利波波头”——将长发做成扁平的发卷，沿下颚两侧堆簇起来。米高梅借题发挥，想让普通女性都模仿起来，为他们的大明星做进一步的宣传。“拉娜·特纳尝试V形的新发型”成了某报的头条标题。

距离美国本土4 000英里外的士兵仅是表面上支持他们妻子的新事业。1943年的一个“盖洛普调查”发现，仅有30%的丈夫无条件支持妻子在战时工厂里工作。同年，诺曼·洛克威尔（Norman Rockwell）的女性主义形象“铆工罗西”（Rosie the Riveter）出现在《周六晚邮报》（*Saturday Evening Post*）上，背景是美国国旗展开的一角。这个红头发女人穿着斜纹蓝布连体工装裤，有着厚实的、肌肉发达的大腿和手臂，一只手拿着三明治，另一只手抚着膝头上的一把射钉枪。她看着很有男子气概，甚至有点自满，完全不是士兵们梦想中带回家介绍给妈妈的那类女郎。不久，另一个版本的罗西出现了，她是战争生产协调委员会（War Production Co-ordinating Committee）创作的。重塑过的新罗西看起来更像一个瓦格女郎，或者是乔装打扮后的神奇女侠，有摄人心魄的大眼睛和浓密柔软的睫毛，微微噘起的嘴唇，俏皮的红色大手帕包起她的满头卷发。洛克威尔的罗西穿着厚厚的红袜子和男性化的棕色“一脚蹬”皮鞋，修改版的罗西的脚不在画面内，但她看起来更像待在家里，穿的是漂亮的系带运动鞋。

换句话说，工作的女人仍被期望保持她的女性气质，哪怕她眼下在从事焊接工作或当着消防员。两个罗西，一个咄咄逼人、孔武有力；一个美丽动人、乐于助人。在两个罗西之间的鸿沟里，可怕的红颜祸水，综合了两种气质的女人，出现在银幕上。

4

蛇蝎美人和最早的浅口高跟鞋

The Femme Fatale and the Original Power Pump

（1944—1948）

红颜祸水拥有一种有趣的自由度。她身边的女人大多数恭顺服帖——像马斯顿笔下的神奇女侠，但又缺少那种震动大地的核心力量——她却有本事游走于阶层和性别的分野，因为她捏住了男人的根本弱点：他的性欲。妖女用高跟鞋、珠宝、帽子和手套武装出精致的女性气质，她的外表像镜子和烟雾一样充满魅惑，掩盖了她无情的本质。她想要的永远是金钱，金钱可以为她买到独立自主，独立自主才是任何野生动物的真正志向和抱负。她是如此狂野，20世纪40年代的蛇蝎美人是披着羊皮的狼。那些咄咄逼人的鞋子，是她磨砺锋利的毒牙。

在轻佻的鞋还被17号配给令严格管控的年代，芭芭拉·史坦威克（Barbara Stanwyck）戴起金色假发，登上银幕，扮演蛇蝎心肠的菲丽丝·迪特里克森（Phyllis Dietrichson）。她那危险的美貌和甜蜜的两面派手腕让观众不寒而栗。《双重赔偿》（*Double Indemnity*）改编自通俗小说作家詹姆斯·M.凯恩（James M.Cain）创作于1935年的同名小说：一个狂妄（然而却交了倒霉运）的保险推销员沃尔特·奈夫（Walter Neff）陷入了冷酷的家庭主妇菲丽丝·迪特里克森的圈套，她要借奈夫之手杀死自己富有的丈夫，骗取他的人寿保险金[1]。沃尔特按响菲丽丝的门铃，打算找她丈夫说话。迎他进门的却是个裹着

1 听起来似曾相识？凯恩的创作源泉来自露丝·斯耐德（见第一章）一案的细节。（作者注）

图16→p71
鞋面装饰扣。

毛巾，刚刚晒完“日光浴”的迷人女子。他在起居室等着菲丽丝，她从楼梯上快步下来，灵巧的双脚穿着中跟白色浅口缎面鞋，鞋面上装饰着令人心猿意马的绒球（图16）。两个马上要成为情人的人坐下来，沃尔特恭维她：“那踝链真好看。”他的语气故作冷静——菲丽丝只消露出一段脚踝就引诱了他。

踝链在凯恩的小说中也写到了。尽管该片导演和编剧之一比利·怀尔德（Billy Wilder）阐释说他“想拍摄（史坦威克）戴着踝链走下楼梯的镜头”，因为那是“嫁给那种（有钱）男人的女人的装备”；镜头中抢尽风头的却是鞋子，它们在灰暗的气氛中让人眼前一亮。那双浅口高跟鞋变化多端，充满女性气质，能让观众充分了解迪特里克森的性格。这双鞋意味深长，一出场就成了以鞋子作开场白的银幕范例。迪特里克森有海报女郎的外貌，耍起诡计来却像男人，简直就是一场噩梦。每一个看似美妙的噩梦都需要精心设置的先兆——在这个故事里，就是那双令男人丢盔弃甲的高跟鞋，性感中潜藏危险，正如穿着它们莲步轻移的曼妙女郎。

这些镜头令人印象深刻，因为战争即将结束，女人开始以别样的眼光打量鞋子和别的女人。男人离开战场踏上归途，曾经清晰的两性角色双双崩坏了。在没有男人的日子里，女人变得强壮，自立自信；男人们在海外战场上则经历了真正的恐惧和无助，但又觉得应该低调处理这些情绪。蛇蝎美人，踩着她精致的高跟鞋，生动地具象化了战后观众的恐惧心理。她不可捉摸、贪得无厌，为了金钱不惜杀人害命。她要和什么人上床，根本没有谁能阻挡。这无疑激怒了女观众，因为女人视女人为竞争对手，而战争让可以挑选的男性对象变少了。运气不错回到家中的男人发现等待着自己的妻子或女友和记忆中的不一样了。她们虽然穿着裙子迎接他们的归来，但挂在衣柜里的工装裤无法令人视而不见。如今，女人也会装配汽车引擎、开叉车了。

迪特里克森是红颜祸水中的花魁，是“第一部真正的黑色电影”中肆意妄为的谋杀者。这部电影的情节极具争议性，以至于好莱坞的制片法典执行局（Production Code Administration）用了8年时间才通过剧本的审查。但《双重赔偿》获得了巨大的成功，取得7项奥斯卡奖提名，引出了一大批感伤的黑白惊悚悬念片，拍的是各种各样的菲丽丝·迪特里克森主题，充分娱乐了战后的美国公众。

拉娜·特纳拍过处女作《永志不忘》后没几年，安妮塔·卢斯（Anita Loos）——她是小说《绅士爱美人》（*Gentlemen Prefer Blondes*）的作者，后来同名电影让1953年成为玛莉莲·梦露人生最璀璨的一年——钦点拉娜·特纳为“时代妖妇”（the vamp of today）：“当她出现在银幕上，观众就有一种放松感。这个风华正茂、身材玲珑、镇静自若的女人身上没有什么让人惧怕的东西，反而看着有点儿天真。只有男人们开始念叨‘小特纳’的时候，女观众才开始怀疑她是否真的是个无害的小东西。如此，拉娜塑造出了新的妖妇形象。”当时的拉娜仍然乐于在银幕上扮演随心所欲的小明星和媒体甜心，她甚至不惮于承认自己对演艺事业并不那么热心。1941年的一张《哈特福德新闻报》写道：“拉娜承认直到最近她还没有什么雄心和目标，没有考虑过事业的未来。她只想尽情享受生活，大把赚钱，把她想要的东西收入囊中。”要拉娜用自己的鞋子来演电影难不倒她，“她每次购物必买鞋。有多少双？‘天哪，我本不该说的，这会让别的美国女孩嫉恨我的。待我想想，加上这周的两双（开始数手指头），大概有137双。不过我只穿其中的六七双。’”

在20世纪40年代中期，按米高梅与她签的合同，4 000美元的周薪可以让拉娜买下她想要的任何东西。但总的来说，她的生活重心改变了许多。25岁的她已经经历了两段失败的婚姻。第一段是和花花公子——爵士乐队领队阿蒂·肖（Artie Shaw），只持续了4个月；第二段与餐馆主人约瑟夫·克伦（Joseph Crane）的婚姻掀起了一阵小报狂澜：拉娜发现他与前妻的离婚事宜压根儿没有正式了结，便甩掉了他。这时拉娜发现自己怀孕了。她这样一个有名气的女人敢在非婚状态生孩子吗？约瑟夫和拉娜试着经营婚姻，但最后拉娜还是勇敢地接受了单亲妈妈的生活，抚养漂亮的女儿谢丽尔（Cheryl）。拉娜发现做母亲改变了她，忽然之间表演和做母亲一样，成了她不能掉以轻心的事业。平生第一次，她渴求出演有挑战性的角色，能让她投射出自己曾经历过的心碎与艰难，让她去探及种种情绪的深井。毛衣女郎成熟了，她要换掉性感的开衫："我看见那些关于我和紧身毛衣的种种……就只想跑开躲起来，裹上一件能遮住全身的大袍子。"她不耐烦地告诉记者："我一件紧身毛衣都没有，只有那种宽松的扣子从上系到下的款式。"1945年，战争临近结束之际，一个有潜力的脚本出现了，它把拉娜从八卦版的主角变成了令人尊敬的女演员。《邮差总按两次铃》（*The Postman Always Rings Twice*）是《双重赔偿》的直接衍生品，也是一部黑色电影，同样改编自詹姆斯·M.凯恩的同名小说，讲述了又一个冷血毒妇利用美貌和狡猾犯罪的故事。珂拉·史密斯（Cora Smith），《邮差总按两次铃》中的女主角，是退缩到角落里再杀出一条血路的女人。她对拉娜太合适了，拉娜正渴望着一个能展露她锋芒的角色，一个并非只靠美貌的角色。

《邮差总按两次铃》于1946年5月6日上映。日本在1945年9月2日投降，鞋子的配给制于稍后的10月31日终结。拉娜在银幕上的亮相让人惊叹；由约翰·加菲尔德（John Garfield）扮演的弗兰克·钱伯斯（Frank Chambers）来到路边的小餐馆，这家小餐馆后来成了他的住处和工作的地方。他见到了尼克·史密斯（Nick Smith），上了年纪的餐馆老板。他尽力劝说这不羁的来客留下工作，应承做最好的汉堡给他吃。史密斯准备好肉，放在烤架上，便起身去招呼另一个顾客。这时钱伯斯瞥见一支口红滚过地板，镜头从他的视角看去，追到了史密斯妻子身上。然后镜头停住了，钱伯斯的视线停驻在门框那儿的一双白色露趾浅口高跟鞋上[1]，心有所动。镜头在珂拉的脚和腿部停留了片刻，切回钱伯斯震惊的脸，再返回珂拉身上表现她：穿着白色的两件式浴衣，裹着相配的头巾，止步于门槛……

店主卖的只是汉堡，珂拉才真正是狮子嘴边悬着的肉。珂拉的鞋子如同一个邀请，引诱弗兰克·钱伯斯进门。鞋子的功效有如“钩子”，赋予蛇蝎美人爆发性的力量。彼时，曲线

1 这双鞋是菲拉格慕设计的。（作者注）

玲珑的高跟鞋已经有了个不雅但形象的诨号“来上我”（也叫CFM，或者更通俗的“上我”）鞋。女演员谢莉·温特斯（Shelley Winters）和她的闺蜜及室友——一个有抱负的名叫玛莉莲·梦露的女演员，也用过这个词。她在回忆录《谢莉，也叫雪莉》（*Shelley, Also Known as Shirley*）中回忆丈夫保罗·米勒上尉（Captain Paul Miller）从部队回来后，他们一起去跳舞：“保罗想跳吉特巴……但我得先脱掉漂亮的3寸高的鞋子。那双凉鞋的款式很特别，在前面系了一个蝴蝶结，是玛丽莲和我从片厂‘借’回来的。我们一边笑一边称这是我们的‘来上我’鞋。它们的确是我见过的最性感的鞋子。我们给士兵拍招贴画时就穿这种鞋。”

拉娜得到了她想要的：影评人认为珂拉·史密斯是她演艺生涯中最成功的角色，而且的确让人把注意力集中在了她的表演天赋上，而不再是她的私生活或身体曲线。终于，她觉得自己确实是凭本事挣到了每周4 000美元，而不是刚好长得酷似珍·哈露，借机沾光捞了一笔。她开心地与女儿谢丽尔拍各种照片，生怕有人把夺命的妖妇珂拉·史密斯与无私的母亲拉娜·特纳混为一谈。这部电影的成功确定了好莱坞黑色惊悚片的类型，拉娜的亮相——镜头从脚缓缓上升摇向脸部——也成为不朽。

不久，好莱坞就有了新的金发女郎供大家膜拜。这个女演员比拉娜·特纳更为妖娆，但没有拉娜那么“致命”——拉娜后来卷进了她的情人强尼·斯特帕纳托（Johnny Stompanato）被谋杀一案。这位新的金发宝贝有多姿多彩的爱情生活，滋养了小报，但是在银幕上，她甜美、柔媚，性感得让人喘不上气，简直是一个活生生的瓦格女郎。20世纪20年代的飞女郎要蹦蹦跳跳，因此反对高跟鞋，战争结束了，整个国家由衷地拥抱高跟鞋。1945年某天出版的《华盛顿邮报》（*Washington Post*）发文指出，招贴女郎年代的真实女人注定会让人失望："性感女郎招贴画是军中男子仅有的女性陪伴……然后，他会以为所有女人都是招贴画上的那种。可想而知，当他回到家，发现自己的妻子或情人无法与理想中的女人相媲美，该有多失落。性感女郎的照片已经够极端，佩蒂和瓦格画的女郎只会更糟糕。女性根本就不具有那样的身体构造。"

但玛丽莲·梦露就有。梦露原名叫诺玛·珍·多尔蒂（Norma Jeane Dougherty），未婚时名为诺玛·珍·莫腾森（Norma Jeane Mortenson），受洗名是诺玛·珍·贝克（Norma Jeane Baker），她是个不带侵略性的美人儿——柔软，可亲，从不会让她的女友们嫉妒，同时还让每个男人都觉得自己是她第一个注意到的人。19岁的她是军人的妻子，长着红棕色的头发、苹果般的脸颊，鼻子有点宽。她和公婆一起住在加利福尼亚，在当地的飞机制造厂工作，直到有一天美军的陆军航空队电影小组（First Motion Picture Unit）的摄影师前来拍摄热情工作的战时女性。也许是诺玛·珍的清新形象、眼中闪烁的光彩体现出了她在镜头前的淡定自如，也可能是这个没有父亲、在孤儿院长大的女孩明确意识到自己没有什么可失去的，她立即脱颖而出。她正是人们想看到的那个罗西。一年以后，她已经出现在超过30种男性杂志的封面上，成了声名大噪的模特。她与丈夫离了婚，把来自小镇的形象升级为苗条、有白金色头发的版本，踌躇满志要去征服好莱坞。

1946年8月，诺玛·珍·多尔蒂成了玛莉莲·梦露。她的变化一定程度上反映了美国女性在第二次世界大战后经历的变化。她本是一个顺从本分、任劳任怨的妻子，忽然变成了国民偶像。张开双臂欢迎军人丈夫回家的女人也改变了自己的生活和外表来接受这种变化。当“男人踏上回家的路……我们打扮成欣喜万分的样子”，芭芭拉·达格罗莎（Barbara D'Agrosa）说。那时她住在纽约皇后区，战争期间在梅西百货（Macy's）当店员，高中男友服役归来之后，她与他结了婚。几乎一夜之间，女人的重心从履行爱国义务转变为更传统、更具体的女性职责，比如照顾孩子、操持家庭日常生活。穿长裤、把发卷包在头巾里、穿着平底鞋阔步行走在大型工厂里的女人，忽然发现自己要面对一套完全不同的形象打扮标准。在20世纪40年代后半期，长久的贫困匮乏终于让位给闪亮的、经济恢复带来的繁荣。在法国时装设计师克里斯汀·迪奥（Christian Dior）的助力下，欧洲和美国女人的穿衣方式发生了革命性的变化。

人们称迪奥的设计为“新风貌”（The New Look）。1947年2月12日，战争正式结束已经一年半，粗略算来玛丽莲·梦露与20世纪福克斯签下第一份合同也一年了，在这个冬天的一个早晨，时装界崭露头角的新星迪奥在巴黎工作室推出了自己的首个个人系列。虽然38岁的克里斯汀·迪奥还没有在全球时装舞台上闯出知名度，但已经通过与法国棉花大亨合作发布自己的品牌，造出了相当大的声势。这天，巴黎的时髦人们聚到了蒙田大街30号（30 rue Montaigne），一幢位于街角的新古典主义风格的五层小楼里，一睹迪奥的新装。女观众穿着裁剪精细的半裙、肩线硬朗的上衣，戴着帽子和手套；年轻的模特儿穿着设计师命名为“花冠”（Corolle）系列中的衣裙，飘然登上天桥。观众屏住了呼吸：那些衣服的美简直会引发痛楚和争议。过去数年中因为布料配给制，裙子短到只及膝盖，如今它们在伸展台上繁茂地展开了裙裾。纱做的裙撑让裙子优美地一直垂到小腿，有的下摆甚至长及女孩子的脚踝。这样的裙子带着精致的褶皱，因此用了大量的布料。上衣在腰部收束得如蜂腰般纤细，到臀部位置又感性地向下张开，穿着腰封的模特们包裹在这样的衣服里款款而行，像一朵朵倒垂的怒放的玫瑰。迪奥的服装上大胆舍弃了战时流行的垫肩，代之以柔软、圆润的肩线，不同于先前的流行，完全令人忘了士兵们穿的压根儿不具有女性气质的V形外套。住在法国的美国社交名流苏珊·玛丽·阿尔索普（Susan Mary Alsop）在发回国内的报道中说："'新风貌'的美丽程度怎么夸张都不过分。……我们得救了，时装回来了。"新装秀后她很快收到了迪奥时装屋送来的服装，他们希望以此提升品牌的知名度。

迪奥对战时的保守和禁欲嗤之以鼻，用一系列根植于幻想的服装震惊了早期的时尚追随者。虽然各大百货公司的设计者想方设法做出类似"新风貌"的成衣，但不是所有人都如阿尔索普女士那样无畏。批评者认为这些时装太过精英主义；迪奥又长又蓬的裙摆被认为是浪费布料，触发了极其强烈的负面反响。"在佐治亚州，一群愤怒的男人组成了'破产丈夫团'，希望收集到3万名美国丈夫的签名，好把裙摆下沿剪短。"1947年9月出版的一期《时代》周刊撰文写道。"在路易斯维尔，1 265名'膝盖以下一点点'社团的成员签署了一份宣言，反对将传统裙装及膝的长度做任何的改动。在加州的奥代尔镇（Oildale），露易斯·霍恩（Louise Horn）太太发表了很长的关于新风貌潜在危险的讲话。她下巴士的时候，她那又长又大的新裙子挂在了门上。巴士启动了，她不得不跟着巴士跑了一个街区，直到巴士停下来才得到解脱。”

新风貌的衣服裙子收获了很多口水战。1947年与“新风貌”时装同时发布的娇美的迪奥高跟鞋则没有造成那么剧烈的评价分歧，虽然这些鞋子比战时人们穿的坡跟鞋明显更高，更“女人味”。直到1953年，迪奥与法国鞋匠罗杰·维维亚（Roger Vivier）联手，有钢针般尖细鞋跟的尖头高跟鞋才与战后风格联系起来。维维亚是个巴黎设计师，17岁进入制鞋工厂干活，早在20世纪30年代他就开始勾画细高跟鞋的草图，虽然那时他还没有合适的材料来实现他的高跟鞋梦想。他的鞋与招贴画画家乔治·佩蒂和阿尔伯托·瓦格斯在画中拟想的高耸瘦窄的浅口高跟鞋，还有凉鞋颇为相似。可以说，招贴画艺术家不仅创造了第二次世界大战时代的理想女性，也成了真正的鞋子设计者。

尖跟鞋 5

The Stiletto

（1950—1954）

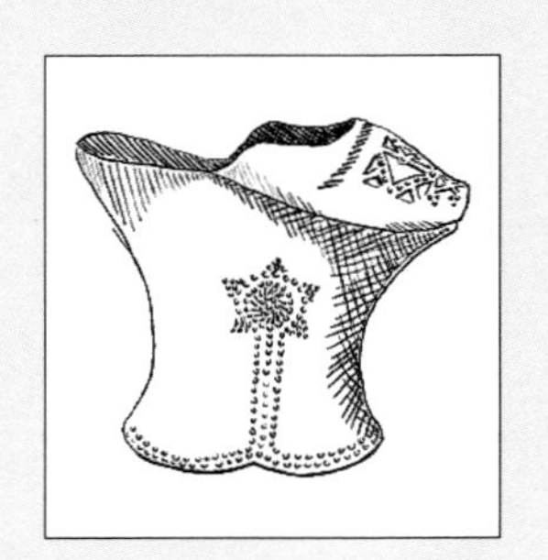

“匕首”尖跟鞋（Stiletto）最早发明于欧洲，以一种窄刃的短剑命名。这个名字的由来起初是因为鞋子的窄腰，而不是鞋跟的高度。这种设计是战后经济繁荣的产物，来自鞋匠工具箱里的金属条——尖尖的鞋跟需要金属来加固，而金属在战时是被严厉管控的物资；也来自消费者的钱包。不同于坚实可靠的坡跟鞋，尖跟鞋将女性身体的大部分重量置于脚的前掌部分，使尖跟鞋不适合走路[1]。经历了长时间的牺牲奉献和艰难困苦，受够了实用至上和捉襟见肘，女人们渴望拥抱让她们精神振奋、形象鲜明的时尚设计，它们既要性感妩媚，又能凸显较高的社会地位和奢侈感。尖跟鞋就是这样一种全新的鞋子，因为它旗帜鲜明地与功能性决裂了；1953年，《图片邮报》（*Picture Post*）杂志发表了一组题为“尖跟鞋的危害”（The Hazards of the Stiletto Heel）的摄影作品，照片中模特珍·马什（Jean Marsh）演示了穿上这些难对付的鞋子走路会遇到的危险。在一张照片里，她的鞋跟卡在了井盖上；另一张照片，她跌倒在高低不平的人行道上。然后她坐在马路的水沟边，脱下一只鞋子，疲惫地按摩着脚踝。很明显，穿高跟鞋走路是一种技巧，而非本能，不过战后的大多数女人都乐于培养这种技巧。

这种鞋跟高挑、鞋身纤细的鞋子的确撩人。它看上去很危险，却也带着几分迷人的傲慢。尖跟鞋像私家车和钻戒，能精

1　2009年10月某天出版的《泰晤士报》上有幅插图，证明了“为什么穿尖跟鞋的女人比大象更危险”。画面显示，大象每只脚产生的压力为12.5万牛顿，而穿着细高跟鞋的女人却能产生巨大的300万牛顿压力。（作者注）

准地区分出女人的经济背景和社会价值。一个女人穿着极高极娇美的鞋子时不能轻巧地行走？这意味着她还没有赢得穿这种鞋子的权利。如果一个女人不能享受无须长久站立的奢侈，那么尖跟鞋就不是为她准备的。战争年代是平等的年代，中上流阶级的女人与她们的蓝领姐妹们并肩工作，以保证经济的运行。战后兴起的时尚潮流则重新加固了阶级的分野。穿不舒服的鞋子表示一个女人在她的生活中有随心所欲的空间，有可以任意支配的时间、手段或欲望，这些东西超越了基于生存的机械性劳作。高跟鞋成了一望可知的阶级符号，这在历史上早有先例：

图17→p72
花盆鞋。

图18→p72
花盆鞋。

在14—17世纪的欧洲，有一种鞋子曾风靡一时，后来又淡出潮流，它令今天的尖跟鞋看起来都像平底船鞋那般舒适可亲。这种鞋叫“花盆鞋”（chopine）（图17-19），意大利语中称之为*pianelle*，威尼斯人则叫它*zoccoli*，是种拖鞋，鞋底最高可达20英寸（约50.8厘米），人垫在这两块高台木屐上都能摸到天。花盆鞋通常由地位尊崇而富有的女人穿着，当然会大大限制她的行动范围，极端情况下，还需要两边各有一个仆人，在走动时扶着尊贵的太太。这种鞋的优势主要体现在社交上，它们创造出了一种视觉效果，凸显贵族女性的尊贵地位；另一方面，也能让穿着这鞋的脚和衣裙避开满街的垃圾和污物。不

图19→p73
花盆鞋。

考虑实用性的话，这种鞋完全是奢华的象征，只能由雇得起一边一个“人形书挡”的女人穿着。

往前回溯到更早，中国的裹脚使得年轻女孩的脚部骨骼在完全硬化以前就被改变了形状结构。裹脚并不是一种刑罚，而是某种阶层的女性的特定身份象征。裹脚始于公元960年[1]，到1912年被法律禁止，裹脚让女人失去行动的自由，但为了保有一门光耀门楣的好婚事，又是必需的。裹过的脚被称为“莲足”，有比喻说是“三寸金莲”。和花盆鞋一样，三寸金莲标志着不必从事体力劳动的自由。性别政治在这两种时尚中都起着作用。关于裹脚起源的一个传说提到，南唐后主（961—975）李煜的一个爱妃为了跳特殊的“莲舞”将脚裹小。李后主深深迷恋她裹得弯弯的脚，让这妃子不离左右。自那以后，娇小柔弱的双脚对贵族男子极有性吸引力的传闻不胫而走，只要是不用家中女儿劳作的、一定阶层以上的家庭，便开始给女孩裹脚。在另一个版本的故事中，几千年以前一位自惭形秽的皇后是裹脚风潮的发起者。她生就一双内八字的畸形足，因此要求宫廷贵妇都裹脚，好让她的畸形脚不那么明显。裹脚最初可能是出于某个男子的性癖好或一个强势女人的虚荣心，不管何种情况，它发源于上层阶级，并被下层阶级效仿，在老百姓中流传开来。平民不像贵族的生活宽裕足以让女人不劳作；而

1 原文写道，裹脚始于公元前960年。这是笔误或印刷错误。（译者注）

缠过足的农村妇女仍然得穿着鞋底加了鞋垫的细小“工靴”在田地里辛苦劳动。

尖跟鞋没有东方的莲足或西方的花盆鞋那么极端，但它与这些历史上的潮流相互呼应，它们都要求女性将时髦的外表置于比移动性更高的优先级上。罗杰·维维亚向市场推出富有挑衅性的鞋子后，一位法国少妇在店里买了一双刺绣款，但第二天就来退货（图20）：“钉珠有一点脱落，（还抱怨）鞋子穿着不舒服。经理检查了鞋底后回应道，‘太太，这是因为你穿着鞋走路了呀。’”尖跟鞋注定是奢华，而不是实用的，是战后的女人跷起双脚恣意放纵的象征。到了20世纪50年代中期，女人已普遍沉浸在轻浮的快乐中。或者可以说，她们先是忽然被要求发挥爱国力量走上工作岗位，然后又忽然从工作岗位上被赶了出来，轻浮的快乐是对她们的一种安慰。迪奥的“新风貌”虽然引发了愤怒和怀疑，也是突破性的：整个西方世界的裙边降低了，裙摆膨胀了，高跟变细了。这样的潮流转变反过来让女性的地位倒退，鼓动她们离开战争时的工作——没人会穿着尖跟鞋造飞机。铆工罗西踢掉了她在战时穿的笨重的厚底鞋，《时尚》（*Vogue*）杂志上充斥着用手工染色丝绸和柔软华贵皮料制成的纤美鞋子。漂亮的高跟鞋让女人重拾她们的女性气质，又不会盖过丈夫

图20→p74
黑色山东绸刺绣钉珠高跟鞋。

的风头，那是种一丝不苟但实质上摇摇欲坠的突出魅力，正如尖跟鞋本身。

6

女性角色的平衡

The Feminine Balancing Act

（1953—1959）

1954年9月15日：纽约

刚过午夜一点钟。在第五十二大道和莱克星顿大街处，玛丽莲·梦露毫不疲累。片场的灯光照得黑夜如同白昼，户外的气氛像通了电一样，几千影迷在围观现场拍摄。福克斯电影公司的公关部门告知公众，电影版《七年之痒》（*The Seven Year Itch*）中的一个重要镜头将在纽约街道上实景拍摄，当时《七年之痒》已经是百老汇的热门剧目。那个晚上，当世界巨星到达曼哈顿的地铁站入口时，不断累积的狂热气氛终于到达顶点。玛丽莲·梦露的角色只被称为“那姑娘”，她要站在地铁的通风口铁栅上，等待列车通过时带起的风从下面吹起她的裙子。玛丽莲知道无数的人在围观，所以她在最后一分钟穿上了第二条内裤，套在第一条上面，以确保剧本中安排的不经意的走光不至于变成彻底的透视。玛丽莲不是个保守的人，她无所顾忌，从穿皮肤一样紧的裙子到拍裸照，都不在话下。她一生竭力要摆脱的是那种小孩气，即在一大堆老朋友面前假装勇敢，直到自己被拥戴为孩子王，率领大家偷偷翻过篱笆，溜进邻居家的后院的那种孩子气。休·海夫纳（Hugh Hefner）一年前出版了业余水平的玛丽莲旧照，于是全世界都看到了一丝不挂的玛丽莲。[1]然而，她并不想为当

1　1953年，休·海夫纳将玛丽莲·梦露的照片放在了第一期《花花公子》杂志上，并用了她在1949年做模特拍摄的裸照作为内插页的“玩伴女郎”。（作者注）

晚的围观群众看到了或没看到什么而烦恼，她特别在意的是有一个唯恐天下不乱的媒体人请了她的丈夫，乔，来纽约城，目睹他28岁、富有传奇色彩的金发女郎妻子能掀起多大的狂澜。

和乔·迪马乔（Joe DiMaggio）结婚9个月了，玛丽莲忧心忡忡，他们的追求很是不同。迪马乔把自己的终身托付给了女演员，但很快他就明白了自己是个旧式的意大利男人，只想让妻子为他做饭，把家里打扫得干干净净，熨烫好他的扬基队球衣。玛丽莲试着承担所有甚至更多妻子的职责，但打心底里不得不承认，照料乔完全不能像做自己的事业那么令她意气风发。她渴望来自公众的肯定，那是种排山倒海般、不可名状的被大众爱恋、膜拜的感觉。随便一个男人都梦想着运气足够好，能取代乔·迪马乔，哪怕只有几分钟。这是玛丽莲第二次做妻子。在尝过将她领向婚姻圣坛的激动以后，在作出“我愿意”的婚姻承诺之后，生活再次留给她几分期许。究竟是哪里出了问题呢？她发现做妻子是那样富于挑战性，以至于她穿着摇摇晃晃的高跟凉鞋也能在地铁通风口的铁栅上站稳，但每天早上在同一个男人身边醒来，竟觉得日复一日的生活如此乏善可陈？

现在，导演比利·怀尔德要开机了，玛丽莲须得作出专业表现。联袂出演的明星汤姆·伊威尔（Tom Ewell）陪伴她走到街上，玛丽莲能听到人群正在喧嚣。更重要的是，她可以感觉这种澎湃，仿佛一杯冰透的伏特加在身体深处被点燃，沿着她的脊柱蹿跃，渗入她的血管。她丰满的红唇绽出微笑，真是再美好不过了。下面的地铁吹来了第一阵风，她不再介意裙子是否被吹过了头顶。面目模糊的倾慕者的呼喊和尖叫汇成巨大的响声，让玛丽莲无比兴奋，哪怕它们淹没了台词。她不再介意自己要说如此愚蠢的台词，这些台词曾让她怀疑自己不过是被雇来演一个脑子不够数的女孩。这些镜头必须在封闭的摄影棚重拍，所有去过纽约的人都知道地铁吹出来的风根本不是凉爽或清新的，而是热烘烘的，像从地狱里吹出来的一样，这一切无关紧要；她眼角瞟到她的丈夫——乔，因为她风头十足的表演而狂怒，只要摄影机在转动，这也无关紧要。今夜她是银幕女神玛丽莲·梦露，你用了她做主角，你就得到了某种幻想。

玛丽莲·梦露穿着吊带式露背白裙，裙裾翻飞，绽放着笑容站在地铁通风口上的形象，已经成为好莱坞历史上的经典一幕。那个重复多次拍摄的大尺度镜头并没有在《七年之痒》中出现，因为美国电影协会禁止那晚上拍摄的任何一个玛丽莲的裙子掀过膝盖的镜头出现在银幕上，但剧照却大量印制出来。福克斯公司的制作人意识到他们抓住了宣传影片的特别机会，赶在1955年6月1日的首映礼之前，在纽约的州立洛剧院（Loew's State Theatre）外挂上了一幅50英尺(约15.24米)高的“那姑娘”大海报。海报上，玛丽莲白金色的秀发无可挑剔，白裙将她的身体勾勒得曲线玲珑，脸上既洋溢着无邪的笑容，又满是几近淫荡的欢愉。她全身的造型中，画龙点睛的是一双白色的露后跟细高跟凉鞋——典型的“来上我”鞋子，由明星鞋匠萨尔瓦多·菲拉格慕设计。

自从萨尔瓦多的坡跟鞋获得巨大成功以来，他的国际性事业一直在增长。他把妻子和孩子留在意大利，自己频繁造访美国，致力于树立他的口碑，尤其着力为好莱坞女演员设计鞋子。此时，罗杰·维维亚已有了个诨号“鞋匠法贝热”，因为他做的鞋精美如雕塑，中看不中穿，这正是那个不明所以的法国少妇学到的教训。萨尔瓦多仍继续保有对女人双脚的兴趣，自信只凭检查客户的脚趾和足弓的形状就能充分了解她。他相信自己能研读女人的脚，就像有的人可以通过察看手相或洞察眼睛得到信息。他把女人分成三类：灰姑娘、维纳斯和女贵族。灰姑娘当然有着最小巧的脚，穿小于6号的鞋子；灰姑娘也最女性化，渴求爱情，因为爱情是她们幸福的唯一源泉。维纳斯（穿6号鞋）动人但复杂，在她们精心修饰的外表下掩藏着不被理解的单纯女儿心。女贵族（穿7号及大于7号的鞋子）可能敏感，有时情绪化，但也富有同情心。一天，在好莱坞，一个年轻女人走进了萨尔瓦多的店。萨尔瓦多察看了她的双脚后，问她是不是艺术家。她回答自己只不过是个秘书，但萨尔瓦多言之凿凿，说她注定会做更重要的事，总有一天她将名声大噪。这个女人后来叫安妮塔·卢斯，成为剧作家和《绅士爱美人》的原作者。

在为这部电影的金发女主角设计造型的时候，或许是卢斯想起了这位预言家般的鞋子设计师，也可能是玛丽莲自己一直关注他，注意到他为很多时髦女演员如丽塔·海华思（Rita Hayworth）、爱娃·加德纳（Ava Gardner），还有吉恩·蒂尔尼（Gene Tierney）做过鞋子。二人一旦遇上，便迅速激发出对彼此的敬慕，结成友谊关系，使得萨尔瓦多为这明星做了超过40双各具特色的菲拉格慕鞋子。他们为《绅士爱美人》设计出了诱人的鞋子。玛丽莲穿着黑色的九分裤和系了腰带的紧身毛衣，走进了萨尔瓦多的店。店里一尘不染，散发着处理皮革产生的强烈气味。这位鞋子艺术家穿着无懈可击、光可鉴人的鞋子和定制的细条纹套装，迎接了他的客人。刹那间他有晕眩感，不仅为她的美貌，也为她有别于其他漂亮影星的特殊气质。玛丽莲坐下，他们稍稍闲聊了几句，萨尔瓦多便专业又含蓄地问她是否可以脱掉她的鞋子。她咯咯地笑了，把目光移开，伸出脚来，像孩子一样指着脚趾，然后微笑着有点难为情地扬起眉毛，似乎他的要求少了些骑士风度。萨尔瓦多在脚凳上坐下来，为新顾客提供的服务里他最喜欢的就是研究她赤裸的脚掌，以得出对她的第一印象。玛丽莲耐心地坐着，摆弄着指甲，又把手握成拳头。从远处观察，他们之间的互动可能会被误解为含有色情意味，但萨尔瓦多从未对玛丽莲的肉体和负有盛名的容貌有过非分之想，他考虑的只是能为她做什么样的鞋子，得以完美地体现出全部，甚至更多，不仅能够传达她的自我，还要表现出她的精华，使她成为"她"。

"我不知道谁发明了高跟鞋，"玛丽莲·梦露曾经很满意地说，"但所有女人都该大大感激那个人。"对她而言，萨尔瓦多·菲拉格慕是王子和仙女教母的集合体（图21）。他是那个把美极了的鞋子套到她量好尺寸为7AA号脚上的人，更是那个创造出美极了的鞋子、广施恩惠的艺术家。对梦露来说，高跟鞋对她整体的美貌身形贡献良多，按一份小报的虚构，她独有的翩翩步态至少应部分归功于高跟鞋。1953年首映的黑色电影《飞瀑怒潮》（*Niagara*），在影片中梦露扮演的角色向尼亚加拉瀑布溜达了116步，被称为"电影史上最长的漫步"，镜头拍的是她的背影。她穿着修身的黑色半裙，尖跟鞋的鞋带十字交叉绑在脚踝。她疾步走着，一小步一小步迈向地平线时，

图21→p75
萨尔瓦多·菲拉格慕用18K 金做的高跟凉鞋。

臀部摇曳生姿。这个镜头让观众焦躁不安，小报专栏作家牵强附会要说清楚这位明星的步姿何以如此肉欲十足，充满颠倒众生的韵律。尖跟鞋让她的臀部扭动起来，早年帮她走上演艺道路的人佐证说，梦露经过反复练习才造就出如此袅娜的走路姿势。尽管梦露本人坚持说，“只在婴儿时期学过步，以后没有专门练习过走路”，但有个作家认定她的步姿并不纯天然，一定用了小花招。他说，梦露有意把一只鞋的跟做得比另一只高一点，营造出了走路时身姿风摆杨柳的迷人效果。这其实并没有证据，因为没人从她的衣柜中找到过鞋跟不一样高的高跟鞋，但经常有人引用这个推测，以期对她步步生莲的步姿作出解释，为何如此神秘又说不清道不明？观众渴望发现其中的秘密。

到1954年，梦露出演《七年之痒》时，梦露的个人形象已经非常鲜明，观众完全将她的银幕角色和她本人混为一谈了。1953年，梦露先是在《绅士爱美人》中演了拜金女萝莉拉·李（Lorelei Lee），又在同年的《愿嫁金龟婿》（*How to Marry a Millionaire*）中扮演近视眼波拉·德波娃（Pola Debevoise）。梦露明显是扮演“那姑娘”的最佳人选。“那姑娘”是个富有喜感、卖弄风情的模特兼演员，租了已婚的理查德·谢尔曼（Richard Sherman）家楼上的公寓，后者的妻子和儿子离城去度暑假，他正好一个人在家。谢尔曼是个图书编辑，极力想避免他那些忽然“单身”的朋友们的恶习，比如沉溺于香烟、威士忌和狂蜂浪蝶，也想消灭他惧怕的七年之痒。“那姑娘”是个性感炸弹，心机重重，又扮出一副楚楚可怜的样子，一边调情示好，一边巧妙地将新结交的友情保持在纯洁阶段，是诱惑的化身。

在干干净净、品行完美的20世纪50年代，金发性感炸弹中的极品如此受欢迎，暗示着平静表面下涌动着集体的对性不加遮掩的渴望。“那姑娘”点到即止的挑逗，是一种“可远观而不可亵玩”的完美幻想。正像“那姑娘”，梦露美艳惊人，极为女性化，但她也有种古怪的性冷淡意味。尽管她性感诱人，看似唾手可得，其实“那姑娘”像个孩子，不比谢尔曼优秀自负的妻子那般独立。她需要的不是丈夫或男友，而是一个父亲般的形象，给她安装空调，告诉她盛马蒂尼酒不用精巧的高脚杯。谢尔曼的婚外恋情其实是清白的，只是发生在他一连串的狂想中，最终让他明白自己的家庭是多么宝贵。电影版《七年之痒》让男人们用眼睛去看，而不是用手；邻家的“那姑娘”可能会是“玛丽莲·梦露”，就像谢尔曼对他想象中那个力争自己妻子青睐的男人说的俏皮话，但那也不值得让男人冒失去家庭的巨大风险。

玛丽莲·梦露当然是美丽的，但讽刺的是，她的家庭生活却因为她的另一个自我而岌岌可危。她和她在《七年之痒》里的角色之间的相似性非常显著：在谢尔曼的性爱狂想中，“那姑娘”是纯洁的画布，但无法与他有血有肉的妻子竞争。在地铁站外拍摄的那一晚，围观人群终于散去，比利·怀尔德最后一次喊“停！”之后，玛丽莲靠近她的丈夫乔。乔冷冷地，直到回到他们曼哈顿酒店的房间，始终不和她说一句话。关起门，拴上保险链，乔的狂怒爆发了：她怎么可以对着镜头那样搔首弄姿？她把对自己、对自己身体、对他的尊重置于何处？很快他们就离婚了，有流言说迪马乔那晚动手打了她。玛丽莲的伤痛撕心裂肺。她是活生生的男人的招贴画女郎幻想，但如电影演的那样，男人想要一个漂亮温顺的家庭主妇的愿望终归占了上风。

战时的财政保守主义培育出一代饥渴的消费者，到1955年，也就是《七年之痒》在电影院公映的那一年，制鞋行业的人士预言，他们的好日子来了。《沿岸鞋业报告》（*Coast Shoe Reporter*）杂志主编威廉·J.阿赫恩（William J. Ahern）在1955年8月号的社论中写道：“3年来，鞋业生产达到了史上最高纪录，年产约525万双。以目前的生产速度，1955年将达到600万双的新高度。”每人每年只能买3双鞋的时代过去了。“她为什么一年买了8双鞋之多?”《鞋业新闻》(*Footwear News*)1955年1月刊上刊登了一则卡米列特牌(Caremelletes)鞋子的广告,广告语如是说,“她热爱高端时尚……时尚推动商业,强过任何力量!”

时尚推动商业——也可以说是女性想打扮成心目中特定形象的意愿推动了商业。女人打扮的目的不是让丈夫看她是性感尤物,而是出于得体。妻子反映了她的伴侣,所以穿衣法则也不支持自我表现,而是有一套严苛的规则,着力于塑造出整齐划一的理想妻子和母亲形象。经济持续增长,旧时的性别政治卷土重来。男性被视为理性的,相反女性则被认为天生就缺乏理性。女性承受了更多的压力,要被社会打磨调教,要充当丈夫新得到的财富和成功的象征。在任何情况下,她都要让自己的美看起来不曾费了吹灰之力。“一个淑女永远不会承认她的脚在痛。”在《绅士爱美人》中,玛丽莲扮演的萝莉拉·李对简·拉塞尔(Jane Russell)饰演的棕发“偷心同盟军”说。一段时间以后,新时尚的元素已经根深蒂固,自然而然被接受。高跟鞋对20世纪50年代的普通女人不再承载性意味,也不具有政治意义,而是她柔弱性的表达,以及女性气质在身体上的延伸。

这些年,家庭成员增多了,房子变大了,美国梦——也就是成功能干的男人让他漂亮的妻子、可爱的儿女过上优裕的生活——成了真。美国的男人和女人都得到了他们认为自己想要的一切——同时也筑起了囚禁自己的狱墙。浪漫喜剧里纯洁无瑕的蓝眼睛甜心多丽斯·戴（Doris Day），与洛克·哈德森（Rock Hudson）在1959年的电影《枕边细语》(*Pillow Talk*)演对手戏。电影以她的中跟紫罗兰色穆勒拖凉鞋镜头开场，向观众暗示她虽然当时正过着愉快的单身生活，其实内心深处还是渴望有男人追求自己。"如果还有什么比女人独居更糟的事，那就是女人说她喜欢独居。"戴的角色是独立女性简·莫罗（Jan Morrow），她的一个朋友早先对她提出过忠告。同时，她倾慕的对象布拉德·艾伦（Brad Allen）奉行花花公子式的生活方式，也从结了三次婚的哥们儿那里听到了类似的怨言："妻子、家庭、房子——成熟男人乐于背负这些责任。"像所有同类喜剧,《枕边细语》以一个吻和一个诺言结束，取悦了观众，但没有勇气走过婚姻圣坛，探究婚姻生活的真谛。

女人们发现，她们最初来自买衣服和打扮得漂漂亮亮的喜悦，逐渐让位于一种想法，这其实是一种责任，穿上沉甸甸的裙子、吊袜带、腰封和不舒服的鞋子并非奢侈的生活方式，更确切地说，是妻子的责任。她们不仅从丈夫那里得到某些信息（她们自己，也因为可供选择的社会角色很有限，而逐渐失去上进心），也从其他女性那里得到这种暗示，比如女作者们在时尚杂志上发表的传授穿着打扮艺术的文章。最著名的例子要数时装设计师安妮·福格蒂（Anne Fogarty）于1959年出版的一本指南性书籍《妻子的穿着》（*Wife Dressing*），目标读者并非斯文加利式[1]的丈夫，而瞄向了有兴趣打理衣橱的女读者。“妻子着装的首要原则是完全的女性化，”福格蒂写道。她虽然是一个成功的事业女性，仍然坚持自己最引以为傲的角色是妻子和主妇。“对成功的妻子着装的最大威胁是胜利的宣告：‘我结婚了！我赢了！’照约翰·保罗·琼斯（John Paul Jones，美国海军之父）的说法，‘真正的战斗还没开始呢。’”虽然这本书的书名很有争议，对幸福婚姻的见解也有限，但它提供了切实可行的衣橱整理建议，奠定了福格蒂在20世纪50年代主妇中的时尚教母地位。她坚信鞋子应该永远时髦，而且要保养得很好，因为干净的鞋子是上流社会的标志。“老的嘉宝电影可能让你流泪，但是老的鞋子只配挂在婚礼的新娘车后面，或者给孩子玩穿衣服游戏。没有什么比旧鞋更能毁掉一身造型……如果你觉得在鞋上花钱太多而内疚，那么买稍便宜的鞋，但更新换代频繁一些。时尚是你生活中鲜活的、不断改变的一部分。”

1 Svengali。原本是英国漫画家、小说家乔治·杜穆里埃（George du Maurier）1895年出版的小说《特里尔比》（*Trilby*）中的男主人公，他引诱并摆布年轻的女孩特里尔比，使她成为著名歌唱家。后来斯文加利通常指为了欺诈或罪恶的目的，以不可抗拒的魔法控制他人——特别是控制作家和演员，使其唯命是从的人。（译者注）

7

平跟鞋，或许有人不喜欢

Flats, or Some Like It Not

（1957 —1959）

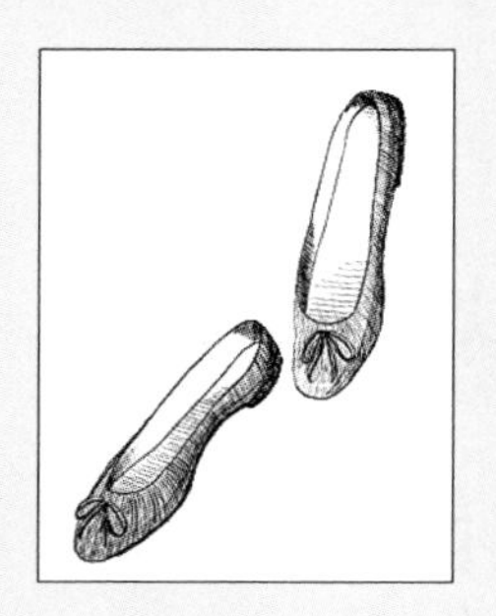

不是所有人都迷恋尖跟鞋。正如迪奥设计的丰盈饱满的钟形裙子，鞋跟细高的尖头鞋即使在最受欢迎的时期也招致了批评。1955年5月28日的《纽约时报》上，一篇文章警告说“鞋跟的高度会影响身体的姿态”。纽约州布法罗市的医生杰拉尔德·华纳（Gerald Warner）也建议，为了身体的姿态起见，高个子女人不妨穿高跟鞋；但矮个子女人应该穿低跟鞋（值得商榷的健康建议，同时也剥夺了爱时髦的矮个女人追求高挑身型的机会）。一本叫《终极夏娃：完美女性指南》（*The Essential Eve: A Guide to Women's Perfection*）的时尚入门书中，有一段专业医学意见：“过分高的鞋跟往往会伤害脚部，并最终危及健康。长期穿高跟鞋令小腿肌肉总是处于紧张状态……最终无法行走。”华纳医生建议——这些建议即使在今天也还适用——高跟鞋爱好者偶尔也该让她们的脚得到休息，换上运动鞋或平底鞋，让足弓放松，此外并没有提出更实际的建议。他说：“说到底，女人应该一贯性地穿鞋跟高度一致的鞋。”即使如此，很多女人还是在穿不同高度的鞋子。马鞍鞋[1]和平底圆头浅口鞋都是家庭主妇喜欢的日常鞋款（图22）；只要听见丈夫的车开进车道，她们就会换上讨喜的女人味十足的高跟鞋。平跟鞋在十几岁的少女中间尤为流行，这是因为她们在性方面才刚刚成熟，所以并不受“看起来要像个女人”的服装标准

图22→p76
马鞍鞋。

1 一种拼色牛津鞋，浅帮、系带，鞋的帮面常用色差鲜明的材料缝制。（译者注）

的约束。比如那群被称为“短袜女孩”（bobby-soxer）的少女，她们喜欢把袜筒卷低，低到平跟玛丽·珍鞋或双色马鞍鞋的鞋口，故而得名。她们往往是娃娃脸的高中低年级女生，爱穿贵宾犬裙子（poodle skirt[1]），迷恋长有蓝眼睛、歌声深情款款的歌手弗兰克·辛纳屈（Frank Sinatra）。她们的感情总是被认为不成熟，因此她们也被认为是清白无辜的，这种身份认定的自由，女孩子过了某个年纪便不再拥有，那时她们开始理解自身性别认定的深义。

20世纪50年代的年轻女孩自小就被灌输长大后要成为妈妈那样的女人。1955年的一则君子拉诺-怀特（Esquire Lanol-White）牌鞋油的广告上，一个蹒跚学步的金发小宝宝穿着短袜和她妈妈的白色圆头高跟鞋，手指上绕有一根鞋带，为了“记住长大以后要多多置办”他们的产品。那时的销售商已经有了今天的意识，视青少年为他们未来的消费者，如果对他们加以适当的培养，就能让他们对产品保持几十年的忠诚度。有一则旨在鼓动鞋类制造商在杂志《17岁》（*Seventeen*）上做广告的招商广告，就基于他们做的一项“大学新生调查”所搜集到的极具说服力的统计数据：“如果在《17岁》上做广告，灰姑娘就不再需要马车！尤其是在八月，85%的《17岁》读者在为重返校园和上大学置备新装。事实上，《17岁》的读

1　20世纪50年代美国时装设计师朱莉·琳恩·夏洛特（Juli Lynne Charlot）发明的一种半裙款式，为大圆摆，长度齐膝，裙子用纯色面料做成，多为粉色或浅蓝色，上面有布拼贴出的贵宾犬图案，后来也多了复古汽车、弗拉明戈舞女郎、花卉等图案。裙子采用相对价廉的面料，加上设计简单，容易在家自制，因此迅速成为十几岁少女的流行服饰，不仅在参加学校舞会时穿着，也是日常服装的首选。（译者注）

者仅在鞋子上的开销就已超过了1 000万美元，平均每人购买5.7双！”女孩子们囤鞋子，花的可能是她们暑假和平时课余时间打工挣来的钱，或者来自爸爸的资助，把这当作是有朝一日她们自己持家理财的演练。

虽然很多广告人希望儿童相信购物能带给他们的妈妈深深的满足感，但事实并非如此。20世纪50年代主妇的刻板形象是服用药物——常用的是镇静剂，靠它来缓解由于缺乏成就感而引起的焦虑。她们喝咖啡、吃蛋糕，露出空洞的微笑，梦游般度过“完美娇妻”的日夜，以压制内心的不满。但不满不可能永远被压抑。在由既消极又着实忧郁的父母构成的核心家庭中长大的孩子，拒绝接受这样的生活方式。他们搬到城市里，通过音乐、诗歌和文学，寻找恭顺婚姻之外的生活可能性。对“垮掉的一代”来说，穿着方式不仅是这个群体的自我定义方式，也是对他们父母那种僵硬古板的时尚风格的抗拒，明确宣告了他们反主流文化的理想。男人们蓄起胡须，穿松松垮垮的、下摆不扎进裤子的衬衫，选择牛仔布之类的工人阶级面料；当然也受到欧洲风格的影响，歪戴着贝雷帽，架起墨镜。女人们穿长裤和黯淡中性的颜色，表示她们绝不是娇花一朵。她们披散着头发，爱穿舒适的平跟鞋，排斥美式的被强化的消费主义和母亲那代人的令人厌恶的性别平衡行为。如果“穿低跟鞋 /

还有实用鞋子的女孩/为她的饭食和床铺/乐意自己付账”，一份《星期六晚邮报》(*Saturday Evening Post*)上的一段附言告诫，那就接受这种现状吧。不管怎么说，床铺和饭食不过是小资产阶级的建构，远比不上心灵的追求。

1957的电影《甜姐儿》(*Funny Face*)讲了一个胆怯又嘴碎的格林尼治村书店店员不情不愿地成了时髦模特女郎的故事，奥黛丽·赫本(Audrey Hepburn)扮演乔·斯托克顿(Jo Stockton)。强势的时尚杂志主编要求一张新面孔，由弗雷德·阿斯泰尔(Fred Astaire)扮演的摄影师——以时尚圈传奇摄影师理查德·阿维顿(Richard Avedon)为原型，发掘出乔作为他的缪斯。电影情节对“垮掉的一代”并不友好：乔坚持她的哲学理想，并有一定程度的反时尚立场，但最终她发现她的学术偶像其实是个下流胚，并爱上了年长的摄影师。乔一直坚持自己的思想，但是在影片的最后一幕，她穿着于贝尔·德·纪梵希(Hubert de Givenchy)受“新风貌”风格影响而设计的婚纱出场，光彩照人，毫无疑问背离了“垮掉的一代”的信念。她全情投入自己在时尚界的新生活，观众(如果他们感觉讽刺的话)能看到她未来生活的前景：妻子，母亲，巴比妥镇静药的处方。

即使如此，笑到最后的仍然是垮掉的一代。在转变过程中乔穿的件件礼服，远不如她在巴黎第一晚去一间坐满“移情主义”（那是她热情昂扬投入的知识分子运动）分子的咖啡馆那身打扮让人记得牢。奥黛丽·赫本有活泼的身姿和小鹿般聪慧的眼睛，是与玛丽莲·梦露完全不同类型的女演员。她的迷人之处在她的智慧，而梦露是个“肉弹”。奥黛丽也很美丽（玛丽莲也比一般人认为的要聪明得多），但不那么重要。她是爱思考的男性心中的理想女性，玛丽莲则会令观众用身体的其他部分思考，虽然有时这对她本人的形象是种伤害。像玛丽莲一样，奥黛丽也和萨尔瓦多·菲拉格慕有种灰姑娘式的关系，他为她制作了优雅、知性、内敛的鞋子。玛丽莲的鞋码适中，令她成为菲拉格慕的第一爱神，但奥黛丽显然是贵族。她身高171厘米，比同时代的女性要高，双脚“瘦长纤细”，用菲拉格慕自己的话说，“与她的身高成完美比例。她是一个真正的艺术家，真正的贵族。奥黛丽永远落落大方，毫不矫揉造作，无论她在表演，还是在买鞋买包。”他为《甜姐儿》设计了一双黑色麂皮的无带乐福鞋，搭配纪梵希的黑色高领毛衣和黑色九分直筒裤。但是，一向冷静的奥黛丽在整副行头的亮点——一双纯白袜子面前，退缩了。一双船那么大的脚和嶙峋的并不那么美的锁骨都是她尽力掩藏的部分，怎么能够穿上这双让观众把如炬的目光投向她缺点上的鞋子呢？作为一个有强烈自我意识，而且不认为自己是银幕美女的演员，她倒是欣然接受了与弗雷德·阿斯泰尔合唱一曲关于她“滑稽”的脸的二重唱……

但是，导演斯坦利·多南（Stanley Donen）坚决不在白袜子这个问题上让步，奥黛丽作为职业演员也接受了。在光线昏暗的咖啡馆里，奥黛丽与两个看起来很法国的男舞者（当然了，其中一个穿的是横纹衫）在爵士打击乐队的伴奏下，跳了一段3分钟的舞蹈，明晰地达成了欢乐的反性感效果。她又瘦又长的四肢摆出迷人又有点笨拙的鸟儿一样的姿态，充分表现出这个角色无拘无束的个性，以及她为了达到理想的表演效果所采取的毫无保留的态度。奥黛丽自己也很喜欢这段表演。她首次看过电影后，给斯坦利·多南写了张纸条：“关于袜子，你是对的。爱你的奥黛丽。”

如果玛丽莲的标志性鞋款是尖跟鞋，那么最能代表奥黛丽的就是平跟鞋。玛丽莲是完美的性感猫咪，奥黛丽在星途上则扮演了一个个经过了灰姑娘式变身的女性，无论是从顽皮女郎成公主（《罗马假日》，1953年）、司机的女儿变偷心女郎（《龙凤配》，1954年）、乡下姑娘化身交际花（《蒂凡尼的早餐》，1961年），还是口音粗鄙的穷姑娘进化成高贵淑女（《窈窕淑女》，1964年）。除了自然风韵和适合上镜的好相貌，她还有一种特别的才能，就是赋予变身前的角色细腻微妙的人性。和角色变身后获得幸福直至永远的风韵相比，这些人性的迷人程度有过之而无不及。虽然奥黛丽仪态高贵，观众却更喜欢看她扎马尾辫、穿平跟鞋的形象，这样的她看上去可亲而且有点淘气，而玛丽莲则是遥不可及的好莱坞女神。

拍完《甜姐儿》后不久，“垮掉的一代”的时尚影响力传到了千里迢迢之外的高级定制时装的大本营。1957年，伊夫·圣·罗兰（Yves Saint Laurent）接替克里斯汀·迪奥成为迪奥时装屋的首席设计师。圣·罗兰是这位富有传奇性的中年设计师的助理，由大师亲自栽培、提拔，但没人能料到，尤其是羞涩安静、戴着眼镜的徒弟本人更没有想到，不到一年，迪奥竟会在意大利度假期间死于心脏病突发。1958年，圣·罗兰发布了他作为迪奥首席设计师的第一个时装系列。彼时这间备受尊崇的时装屋在吃了多年“新风貌”巨大成功的老本后，已经陷入了财政危机。圣·罗兰的设计与“新风貌”有显著不同，新系列主题是梯形连衣裙：高领、A字形、长度在膝盖以上，非常有创意，也极佳地契合了他导师的设计观。圣·罗兰的设计使迪奥成功扭亏为盈。然而，仅仅两年以后，圣·罗兰的新设计“垮掉”（Beat Look）系列大踏步偏离了迪奥的审美。他观察巴黎和伦敦咖啡馆里那些喝酒抽烟的“垮掉的一代”，找到灵感，设计了这个系列，有高领衫、机车夹克。这是最早的街头时尚影响高级时装的例子，以往都是反过来的。但是圣·罗兰的实验性创作却被美国版《时尚》杂志批评为“给非常年轻的女孩设计的……她们是那些有超级长的腿和苗条、年轻、女神般身材的女人”。圣·罗兰丢掉了这份工作。

这些20世纪中期的流行文化瞬间在高跟鞋与平跟鞋之间形成了泾渭分明的对峙局面：尖跟鞋是性感的、挑逗的、富有女性气质的；平跟鞋则是古怪的、知识分子的、无拘无束的[1]。平跟鞋成为另类青年文化的标志，这一文化以对抗特权主流时尚为荣。的确，尖跟鞋和它代表的正面的性别、社会和经济内涵，缺少劣势人群、被压迫者、失败者的印记，平跟鞋恰恰在这个意义上拥有无可比拟的精彩。20世纪50年代在历史上看是个严苛的年代，评判女性的标准非黑即白。一个女人，要么是孤独的知识分子乔·斯托克顿，要么是索然无趣的性感尤物“那姑娘”。事实上，大部分女人是处于困境的理查特·谢尔曼夫人。一个女人是否可以同时做奥黛丽和玛丽莲？这个问题直到20世纪60年代才浮现出来。那时，尖跟鞋的性感和平跟鞋的方便合二为一，一种新的鞋子出现了，它有调情的功能，有斗争的功能，更重要的是还有行走的功能。

1　就像20世纪40年代黑色电影里的高跟鞋在银幕上充当了看得见的线索，高跟鞋在日常生活中也承载了很多意义，可以被抓拍然后加以评头论足。以2008年美国大选中希拉里·克林顿与萨拉·佩林的对战为例：希拉里作为民主党候选人拉票时，穿着长裤套装和实用风格的乐福鞋，淡化了自己的女性特质。另外，佩林则把性别当成资产和公众人物的基本面加以武装，于是她穿上了靴筒齐膝高的尖跟机车靴，还有红色漆皮高跟鞋。两位女士都因为她们处理性别问题的方式遭到批评，希拉里由于“想穿成男人”而得罪了公众；佩林则因为卖弄女性气质激怒了她的批评者。不管我们将玻璃天花板撞击出多少裂缝，女性气质究竟是一种优势还是一种障碍，这个问题仍然在被热议——在这个持续已久的讲究政治正确的时代，为了讨论这个问题，我们甚至需要运用时尚语言。（作者注）

从傻白甜
到
勃肯鞋

From
Dolly Birds
to
Birkenstocks

（1961—1966）

1961年1月20日：华盛顿特区

约翰和杰奎琳·肯尼迪（John and Jacqueline Kennedy）是白宫主人中最漂亮的一对。总统就职典礼那天早上，空气冰冷刺骨，温度计指向华氏22度（零下6摄氏度）；冷风吹过，感觉温度好像跌到了华氏7度（零下14摄氏度）。但是英俊的43岁总统和他美丽的31岁妻子站在观礼群众前方，并没有让天气影响他们的着装风格。新当选的总统选择了传统到几乎是复古的装束：深色的大衣，丝质高筒礼帽。在他发表那著名的"不要问"（Ask Not）就职演说时，把帽子摘了下来。另外，还带着些许孩子气的第一夫人穿着后来红极一时的奥列格·卡西尼（Oleg Cassini）设计的棕灰色羊毛连衣裙，外搭四分之三袖长、环形立领的外套，前襟缀着超大的呢料包扣。当她丈夫讲到"火炬正传给新一代美国人"时，她站在他旁边，年轻优雅，戴着圆盒帽（由当时已崭露头角的帽子设计师侯司顿（Halston）设计）、珍珠耳环，套着貂皮手筒，足蹬低跟黑色浅口鞋。后来，在总统就职游行时，为了走过积雪的街道，她换上了一双紧贴小腿、镶有水貂毛皮的黑色靴子。

那一年，美国找到了新的时尚偶像。杰奎琳·肯尼迪不是电影明星，但她确有明星气质，比如她有很多超大的墨镜。她和奥黛丽·赫本一样，有天生的深色皮肤，也有与生俱来的镇定感。自从踏上竞选征程，她就确立了自己的标志性形象：高贵的随性，时尚前卫，又很符合总统妻子的角色。她有大量爱马仕（Hermès）的围巾，用它们随意地包住她齐下巴的短发；她用卡培娇（Capezio）的平底鞋搭配几乎所有服装（图23），从定制的套裙装到色彩鲜亮的A字形连衣裙，甚至“垮掉的一代”酷爱的黑色高领毛衣和白色九分细腿直筒裤。杰奎琳的个人风格影响了全美国。肯尼迪总统也是既经典又先锋。这对年轻的夫妻，用他们的手指把住了国家的集体脉门，呼应着“改变，改变，改变”的跳动。

图23→p77
卡培娇（Capezio）的平底鞋，主要指卡培娇芭蕾鞋。

美国选民选择了能反映国家积极能量和乐观精神的领袖，时尚行业的老派守护人却面临着被推翻的命运。失去了在迪奥的工作并服了一次地狱般的兵役之后，伊夫·圣·罗兰在1962年推出了个人品牌。他相信自己把握住了“垮掉的一代”的风尚精髓，但显然，他短视的同业们并不这么想，他们迷失在了高级定制时装的薄纱褶皱里。

即便还在时髦的蒙田大街30号迪奥时装屋，圣·罗兰仍能清醒地认识到自己所处行业的重大变动。时尚的消费方式从根本上改变了。自有时装以来，潮流的定义者、创造者、引领者一直都是贵族，这些男女“人上人”花得起大价钱购买顶级设计师手工制作的最先锋的服饰来更新衣橱，那可都是“精品中的精品”（crème de la crème）。年轻晚辈只能赞美艳羡老一代拥有的精品，直到有一天他们的经济能力允许了，才能追随父母一代购买奢侈品。时尚一直是系统性划分阶级的工具，传统上它迎合年长老到的消费者，只将年轻人视为潜在的客户。到了20世纪50年代晚期和60年代早期，青少年仰视他们父母的态度发生了巨大的转变，他们开始质疑老一辈是否给自己树立了理想的榜样。

这意味着时尚的垂直体系分崩离析了，人们通常认为时尚是代代相传的，孩子们也想穿成长辈的样子。“人们在谈论的是……越南和黑人革命……青年大骚动……年轻人在所有领域的爆发。”1965年，戴安娜·弗里兰（Diana Vreeland）在她任主编的美国版《时尚》杂志中写道。她造了个词“青年大骚动”（Youthquake）[1]，定义了20世纪60年代的潮流特征。在各种新事物——新的面料、新的材质、新的颜色、新的廓形——的蛊惑下，年轻文化全面主宰了时尚的方方面面，迫使设计师适应文化价值观的改变。在这些卓越的设计师中，有一位识时务者最终从引领风尚权力的再分配中受益，她就是英国设计师玛丽·昆特（Mary Quant）。她本是时装爱好者，1955

1 戴安娜·弗里兰杜撰的这个词后来专指20世纪60年代发生在文化、音乐、时尚业内的运动。伦敦是青年大骚动的中心，其中时尚和音乐领域被十几岁的青少年主宰，时尚风格表现为风趣、生气勃勃、青春洋溢，代表服饰有迷你裙和连身裤。玛丽·昆特和安迪·沃霍尔分别是时尚业和艺术界的推手。（译者注）

年在伦敦开设了第一间时装店。如果迪奥的“新风貌”定义了20世纪50年代的服装观念，那么昆特深受启发而创作的简作连衣裙、大胆的印花、俏皮的式样，都符合普通女孩的趣味，这些普通女孩正是她心中的目标客户。事实上，昆特的民主风格可以部分归因于她不是服装设计的科班出身。她自己创业，没有受过时装行业的正规训练，以至于会犯新手错误——去高级的哈罗德百货公司（Harrods）买面料，而不是像了解行情的设计师那样到批发商那儿去买。“我一直希望年轻人有自己的时装，”她曾经如此写道，“对我来说，成年人的装扮毫无吸引力，令人惊恐，不忍卒读，抱残守缺，丑陋无比。我不想长大后变成那样子。”为了表明自己的观点，昆特销售的服装着重突出腿部而不是胸部。被定义为女性和母性基础的胸部过时了，取而代之的是直线条的臀部和修长但细骨伶仃如小女孩般的双腿。奥黛丽·赫本珠玉在前，杨柳般纤细的伦敦假小子崔姬（Twiggy）和简·诗琳普顿（Jean Shrimpton）大睁着眼睛，嘟起嘴唇，瞪着镜头，成为新的It Girl。

20世纪60年代早期是迷你裙[1]的时代。迷你裙为异想天开的新款鞋子登场打开了门。昆特模仿伦敦街头“傻白甜”[2]的打扮，复兴了靴子。在尖跟鞋流行的年代，靴子几乎被忽略了。崔姬也转变了对靴子的态度，她承认在靴子重新流行以

1 据凯莉·基洛伦·本西蒙（Kelly Killoren Bensimon）所著《美国时尚A到Z》（*American Style from A to Z*）中记录的一段逸事，迷你裙的发明应归功于纽约社交界名流、时装编辑南·坎普纳（Nan Kempner）。在一家高级餐厅，她因为穿着长裤而被斥责，据说她当即脱下那冒犯人的裤子，那晚她就一直穿着长长的上衣，以它充当裙子。（作者注）

2 Dolly Bird，英国俚语，起源于20世纪60年代，指年轻、衣着时髦但不够聪明的美貌女孩。（作者注）

前，她和朋友们“整个冬天腿都感到冻彻骨髓，因为不想穿靴子……没人穿靴子。那时的靴子只有及踝、带拉链的棕色款，是老太太才穿的玩意儿。”昆特用迷你裙搭配亮晶晶的、表现波普艺术风格的彩虹色靴子，她1963年发布的“湿”（Wet）系列尤其典型。在这个系列中，她使用了非常前卫的防水材料，有聚乙烯和PVC。与之相似，法国设计师安德烈·库雷热（André Courrèges）在1964年的“月球女郎”（Moon Girl）系列中，展示了宽筒、双腿可以直接套进去的平跟靴子（图24），外观极具现代感，摒弃了盛行一时的观点，即为了展现性感和女人味，女人应该穿上高跟鞋，袅袅娜娜。事实上，即便在最顶尖的时装屋那里，让人站不稳的高跟鞋也和吊袜带殊途同归，过气了。伊夫·圣·罗兰创立自己的同名品牌后，与负责迪奥鞋子设计的罗杰·维维亚合作，设计了一双鞋子，用来搭配他计划推出的有几何色块图案的宽松直筒连衣裙系列，这个系列的灵感来自艺术家彼埃·蒙德里安（Piet Mondrian）的作品。尖跟鞋之父设计出了一款简洁的方头低跟浅口鞋，鞋头上装饰着一枚银色的大方扣。维维亚的这款“朝圣者浅口鞋”（Pilgrim Pump）立即成了热门货，销出20万双；再经由常常穿它们的杰奎琳·肯尼迪和路易·布努埃尔（Luis Buñuel）于1967年导演的电影《白日美人》（*Belle de Jour*）的加持，它确

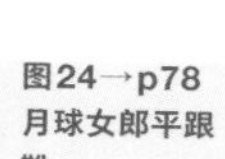

图24→p78
月球女郎平跟靴。

立了标志性的地位。在这部电影中，凯瑟琳·德纳芙（Catherine Deneuve）饰演一个无聊、做了高级应召女郎的家庭主妇。

杜邦公司（DuPont）首次推出名为“可发姆”（Corfam）的人造革后，连维维亚这样的高端设计师也在1963年的芝加哥鞋类展览中使用了这种富有光泽的新材料。价廉的新材料实用性强，启发鞋子设计师进行更多的创新实验，相应地也让消费者愿意尝试创新的款式（图25）。人造革蜂拥进入了鞋类市场，用过即弃的潮流时代出现了。在这股新潮流中，消费者不再愿意购买耐穿的经典款式，转而购买便宜新潮、潮流一过就扔掉的款式。年轻一代不像他们的母亲曾经历过配给制年代的艰难，他们花钱买东西时并没打算穿很久。比如，齐膝的中高跟长筒靴在20世纪60年代中后期大为流行，如果这种靴子像以前一样完全用真皮制作，价钱将相当昂贵。这样一来，买得起它的多半只有上了年纪的富裕消费者，但她们普遍不愿尝试非传统的款式。实验性的鞋款用耐久的真皮制作，某种意义上可能是一种好的投资，但是在时尚产业中要实现保值，用真皮是冒险举动。制造商采用人造革和PVC材料，能使爱冒险但手头又不宽裕的顾客尝新。20世纪60年代的时装充满形态自由的廓形、炫目的色彩及印花，断然告别了以前的风格，其重要性却丝毫没有减少，因为低廉的价格使时尚更为民主化。因

图25→p78
马诺洛·布拉尼克设计的带有太空元素的拖鞋。

此，革命性的齐膝高筒靴成为摩斯族[1]的出行选择，这个新出现的群体里的女性热爱时尚，独立，在性别和政治问题上持自由主义立场。

大约在同时，另一种平底鞋悄悄混入了街头时尚，那就是运动鞋。回溯到亨利八世的时代，贵族在休闲活动中已经开始穿天然橡胶做底的鞋子；但直到1839年美国发明家查尔斯·古德伊尔（Charles Goodyear）为硫化橡胶的工艺申请了专利，平底橡胶鞋才真正进入主流。硫化反应是将硫黄掺入加热的橡胶，从而克服天然橡胶的不足之处，包括发黏、易磨损、对过冷和过热的温度敏感，等等。1916年，美国橡胶公司（U.S. Rubber Company）新推出一个专利网球鞋系列，名为科迪斯（图26）（Keds，把“孩子”（kids）和“脚”（peds）两个词巧妙地糅在一起），用硫化橡胶做底的鞋子从此大受欢迎。纽约的一家广告公司N.W.艾尔父子公司（N.W. Ayer & Son）首先把这种鞋称为“潜行鞋”（sneaker），因为这种走路声音轻又有弹性的鞋底能让穿鞋的人“蹑手蹑脚”（sneak up）走近他们的朋友。科迪斯统领网球鞋市场多年，到了20世纪60年代，它们更被走中性风格的女人如赫本，还有无畏的风尚引领者杰奎琳·肯尼迪所青睐，将其作为休闲鞋。科迪斯不是唯

图26→p79
科迪斯潜行者鞋。

1 Mods。20世纪60年代，受摇滚乐和黑人音乐的影响，一些年轻人留起平头或锅盖发型，戴着马球帽，穿意大利手工缝制的西装，外套军大衣，脚蹬长筒马靴，骑改装过的伟士牌（Vespa）摩托车，在大街上呼啸来去，极尽炫耀之能事，人称“摩登人士”（Mordens），简称摩斯族。（译者注）

一的运动鞋品牌，还有“垮掉的一代”中意的匡威查克泰勒全明星鞋（Converse Chuck Taylor All Star），是一款简单的白色橡胶底的系带帆布鞋，为篮球运动设计的（图27）。匡威面市于1917年，和大多数运动鞋一样，起初只面向运动员，旨在提高他们的成绩。传奇篮球明星，绰号查克的查尔斯·泰勒（Charles “Chuck” Taylor）在球场上总是穿着匡威运动鞋，这一行为引起了公司的注意。几年后的1921年，他正式加入匡威，与之签了代言合同，那是美国最了不起的体育名人代言合同之一。20世纪50年代，因为摇滚乐逐渐开始风行，这种便宜舒服的鞋子便从篮球场走出来了；在20世纪60年代早期，匡威面向非运动员顾客新推出了不同于原有高帮鞋款的低帮牛津式系带款，因为他们不需要脚踝支撑。同一时期的西海岸，接过流行接力棒的品牌是滑板鞋范斯（Vans）。范斯由保罗·范·多伦（Paul Van Doren）和另两个合伙人于1966年创立，专门生产可以水洗的水平厚底硫化橡胶帆布运动鞋。范斯也吸引了反主流文化的青少年，比如太平洋和海滩文化的门徒——玩冲浪和滑板的人，他们喜欢高质量、不花哨的鞋子。

图27→p80
匡威全明星鞋。

运动鞋是年轻文化和地下文化的装备，但它们也在有计划、有步骤地向主流市场推进。到1962年5月，运动鞋的销量从20世纪50年代不温不火每年销售3 500万双，猛增到1.5亿双。《纽约客》称“看来一场鞋子的革命即将爆发”；美国橡胶业的一位代表在《新闻周刊》（*Newsweek*）上宣布，运动鞋“如今被社交场合接受了……它们和热狗一样，是美国的一部分”。1964年，绰号“雄鹿”的田径明星菲利普·奈特（Philip “Buck” Knight），开着车跑到各家大学的运动场上，打开后备箱盖，销售运动鞋，直到此时，橡胶底运动鞋与高科技才有了结合。奈特和他的教练威廉·J.鲍尔曼（William J. Bowerman）从日本进口虎牌（Tiger）运动鞋，在运动员中销量甚佳，但两人与他们的日本供应商闹翻了。几年后，鲍尔曼和奈特决定白手起家自己创业，于是耐克诞生了。

对有些女性来说，甩掉高跟鞋，脱下裙子，已经让她们感觉得到了解放；但对另一些女性来说，这就像给流血的伤口贴一块创可贴。贝蒂·弗里丹（Betty Friedan）在1963年2月19日出版了《女性迷思》(*The Feminine Mystique*）一书，认为女性必须服从她们的消费冲动的说法站不住脚，目的就是用针对她们的广告分散她们的注意力，扼杀她们的梦想和雄心：“购物冲淡了那些不能被家庭和家人真正满足的需求，家庭主妇需要一些东西来超越自我、定义自己……商店只会卖给她更多东西……她必须明白真正的需求不可能靠买东西来满足。”弗里丹的著作阐述了传统婚姻生活的局限，给众多20世纪50年代家庭主妇体验过的生活下了定义。她们签单买商品的同时也为家庭和家人签下了自我牺牲，因此生活中充满了折磨、痛苦和空虚感。即便是真正热爱家庭，从照顾家人中得到幸福感的女人，也无法不对家人期望带来的压力感到沮丧，了无生趣地质疑一个女人毕生的贡献何以要被局限在用尖头白篱笆圈住的精心整饬过的院子里。

20世纪60年代的世界飞速变化，在某些方面甚至是突变。弗里丹的书来得正是时候，结合日益高涨的女权运动，获得了注意力和良好的势头。同年，杰出的女权主义活动家格洛里娅·斯坦纳姆（Gloria Steinem）发表了关于卧底调查、揭露休·海夫纳花花公子俱乐部的报告，把她推到了敢说敢为的女权运动领导者地位。玛丽莲·梦露式娇弱无助的女性气质正在过时，其实梦露已在一年前因为不堪流言的折磨——据说她与总统、总统的司法部长弟弟鲍比都有私情，悲惨地死于药物过量。为了好莱坞头号性感炸弹，约翰·菲茨杰拉德·肯尼迪不惜欺骗他美丽时髦的妻子，这消息震惊了全美国，但比起1963年11月22日发生的事情又不算什么了：这位看似普通人无法接近的人在众目睽睽之下被刺死了。

世界秩序变得颠三倒四，更多不曾预见的事情发生了，民权运动和女权运动的参与者无比相信改变的力量。如果妇女参政论者是美国女权主义的第一波力量，现在的这个群体就是第二波。她们争取生育自由权，要求同工同酬（并涉及更广的非法律范围的性别、家庭和性的议题）。她们抵制大规模的时尚营销，认为那是父权社会的邪恶工具。第二拨铁杆女权主义者的刻板印象是任头发凌乱地肆意生长，不去除体毛，不化妆，烧掉胸罩，游行的时候穿着勃肯鞋（Birkenstock）。这种德国制造的土头土脑的合脚凉鞋因为舒适、方便而深得女性解放论者的青睐（图28、29）。1966年，出生于德国的美国时装设计师玛戈特·弗雷泽（Margot Fraser）在回乡之旅中对这种鞋一见钟情，把它带入美国。弗雷泽在美国四处为勃肯鞋寻找一席之地，鞋店老板认为这种鞋“丑得惊人”而拒绝了它们，是一家健康食品店店主发现了它们的优点。尽管要承受各种讽刺，第二拨女权运动者仍运用她们整体的外貌传递了一个信息：女性要从僵化的美的标准中释放出来，要从二等公民的法律地位中解放出来。如果媒介本身即是信息，这信息就是写在身体上的。

图28、29→p81
勃肯鞋。

并非只有女性才尝试改变她们的外表。在默许反叛的气氛中，青年男子也获得更多通过衣着表达自己的自由。忍受了

10年上了浆的衣领、熨烫得笔挺的外套，伦敦的摩斯族开始穿紧身裤子，留长头发（虽然并不太长），穿有艳色镶边的外套，系窄条领带。在另一个国家，同样大胆、讲究穿着的美国男人也从城市非裔青年的街头打扮中得到灵感，非裔青年时尚融入了招摇华丽，甚至不乏女性化的调调，比如帽子、项链、皮草和羽毛。爱打扮自己的男性被指摘为“孔雀”，意思是费尽心机只为吸引他人注意力；但是打扮却起到了强化而不是降低男人阳刚之气的效果，实在令人惊讶。即便如此，孔雀革命——时尚史上，这个时刻后来被戏剧性地神圣化了——在当时仍属小众，大规模的都市潮流尚未开始，直到一小群天才的英国摩斯族出现在音乐舞台上，掀起时尚界新风潮。

1964年，约翰、保罗、乔治和林戈正在做第一轮美国巡演，此时他们已经做过至少一次改头换面。改变造型是上过艺术学校的列侬发起的，他怂恿伙伴们脱下皮夹克和紧身牛仔裤，换上紧身翻领毛衣、肘部有皮补丁的学院式粗呢外套，还有尖头靴——一种鞋尖长而尖细的及踝靴。英国的摇滚男女都爱穿这种尖头靴子，特色是有一个又宽又大的鞋跟。这种鞋跟被称为“古巴式鞋跟”（Cuban heel），前端上下齐平，后端从上到下逐渐变窄成锥形，通常由男舞蹈演员穿着。1961年，他们结束汉堡俱乐部巡演的回程路上，约翰和保罗经过伦敦著名的鞋店

“阿涅罗和大卫”（Anello & Davide），不禁驻足欣赏橱窗里的一双切尔西靴（Chelsea boots）。这是一款经过改良的骑马靴，靴筒高度到小腿肚。他们定做了4双，但要求将鞋跟垫高一点。于是，披头士定制靴子诞生了。来自利物浦的男孩与他们的新形象走向了国际舞台，清新俊秀的风格成为他们巡回演出时的优势。就像他们用四和弦写简单歌曲的创作方法，他们简洁的时尚风格在这支乐队身上也没有持续多久，但造型独特的靴子足以让模仿者在“阿涅罗和大卫”的店门前排起长队，并跻身时装史，永远与披头士乐队联系在了一起。

20世纪60年代成为鞋子民主化变革的分水岭时期：年轻的、有冒险精神的顾客不再从他们的父辈那里寻求时尚建议，而是向别处寻找潮流偶像。唱片业唱出了异议者的强音，也提供了又酷又性感的明星，供歌迷们迫不及待地效仿。

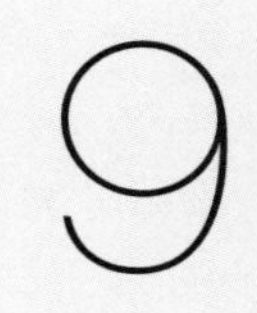

这靴子就是为女武神做的

These Boots Are Made for the Valkyrie

(1965—1969)

1965年：新泽西州，泽西城

李·黑兹尔伍德（Lee Hazlewood）该拿南希·辛纳屈（Nancy Sinatra）怎么办呢？他走进她位于新泽西的豪宅时，意识到这场谈判会很艰难。他本来以为就是跟这女孩心平气和地坐一坐，也可能是和她父母，但是他音乐圈的朋友为什么都在这儿？他是闻到了蒜味儿吗？"噢，我的天哪，你怎么样？鲍比·达林，没想到在这里看见你，小子。"有人事先研究过他了：吧台囤满了皇家芝华士，正是李爱喝的酒。没一会儿他手上已经端了一杯好酒，放在浓密的棕色胡髭下来回嗅着，几乎忘了他为什么要来这里。

他奉命而来，是辛纳屈先生亲自要求的。李对这场会面并不过于乐观，他知道，虽然邀请是转了一个人送达的，但没人能对董事会的主席说不——问问汤米·道尔西（Tommy Dorsey）就好了。南方人李是个自信的歌曲作者和制作人，在业界小有名气，因为他在亚利桑那的一个流行音乐电台做唱片骑师时播了一首当时不出名的孟菲斯歌手的歌，巧的是，那年轻人后来被称为猫王。此事让李在唱片业有了一席之地。差不多同时，他还发掘了一个十几岁的天才少年吉他手，他名叫杜安·埃迪（Duane Eddy）。在李的帮助下，这个德州少年来到了唱片工业的中心洛杉矶。一时间，李在天使之城（洛杉矶的别称）如鱼得水，不久就碰上了所谓的"不列颠入侵"，四个有点呆头呆脑的年轻人唱着某种情歌，听起来跟糖水歌没什么两样，却大肆流行起来。

那种音乐不是李的风格。他考虑一旦时机成熟了，36岁就退休回得克萨斯去，或到欧洲游荡几年；但是辛纳屈女儿的名字出现了，他决定试一试。实话说，南希是个可爱的小姑娘。她的母亲风韵犹存，在李看来，她甚是甜美可人。南希有她爸爸那样大大的蓝眼睛，明摆着这些对唱片的销量有极大帮助。可惜辛纳屈这个姓氏并没有帮助亲爱的南希成为全民偶像。父亲的唱片公司重奏唱片（Reprise Records），早在1961年就签下了南希，此时打算放弃她。李在音乐行业里虽然见多识广，但对于接手南希他心里也没谱。

此刻，在辛纳屈的大宅，没人谈具体操作执行的事儿。他跟老朋友们聊天，直到杯中的芝华士见底。忽然，前门开了，又关上了，蓝眼睛的父亲辛纳屈出现了，装腔作势走过来的样子仿佛他在演出，对观众挥着手走向汽车。弗兰克和南希的母亲南希·巴巴多（Nancy Barbato）已离婚多年，其时弗兰克正准备和第三任妻子米娅·法罗（Mia Farrow）结婚（在她之前是爱娃·加德纳，这就是他的生活）。他踱到厨房，好像还生活在这房子里一样，跟南希打了招呼，绽开一个价值千金的笑容。

随后，弗兰克消失了一个小时，李·黑兹尔伍德不知道还有没有机会再见到他。忽然，弗兰克·辛纳屈又现身了，看起来好像很满意的样子。他向李伸出手去：

“我很高兴你们年轻人将在一起合作。”他没有开始进一步的讨论，又离开了。

李刚刚在得克萨斯写好一首歌，名为《这靴子就是用来走路的》（*These Boots Are Made for Walking*），但他没有想过让南希唱这首歌。事实上，他本来打算让男歌手来唱，就是他自己唱。黑兹尔伍德去世前告诉法国纪录片导演托马斯·莱维（Thomas Levy），“我在1965年写了这首歌，因为我在得克萨斯的朋友们，尤其是女性朋友、朋友们的女友、朋友们的太太，总是说，你为什么不写一首情歌呢？我说，好，那我就写一首情歌，为你们而写。”但是当他在一个派对上首次演唱这首歌的时候——李从来没有在派对上表演过，这一次他无法抑制要唱出自己新写的这首恶搞歌曲的冲动——在场虔诚的女人们嫌恶地四下散开。《这靴子就是用来走路的》根本不是一首情歌，它唱的是不太能摆上台面的爱情另一面：色欲。第一节（李最早写这首歌的时候只写了两节）尤其下流，一个男声半甜蜜半恼怒地唱："你总说你为我保留着什么/一些叫爱情的东西，但是承认吧/你在乱来，你不该乱来/现在，别人得到了你最好的东西……"

不太像是情歌，但也不该让住在"圣经地带"[1]上的人如此愤怒。黑兹尔伍德作了进一步的解释："在我们德州，'乱来'指的是——你昨晚干吗了，我在外面跟人鬼混了——就是那4个字母的单词。我们不说那4个字母的单词，我们说'乱来'"。翻译过来就是：李应大家的请求写了一首情歌，结果，毫不夸张地说，他写了一首女人四处与男人上床的歌。但当南希听李的非正式歌曲小样，从中选自己想唱的歌时，她知道就是这一首了。"他放了好几首歌给我听，我最喜欢的是这首关于靴子的歌，"2006年她在哥伦比亚广播公司（CBS）的《星期日早上》节目中说，"我觉得它一定会成为热门歌曲，我是说，第一次听到它就觉得它是。即使只用吉他，用四分音唱出（这首歌开始部分的音节），每次听到你就知道这歌儿会走红。"

李却有所保留。他可是清楚让流行乐小公主唱出来的歌词的含义，他必须让她明白歌词隐含的意义。"我们要录这首歌的话，他们会拿枪崩了我们的。"他对她说，无疑是想起了他那些身在南方的女性朋友的反应。"靴子"这首歌可博一笑，但让它在无线电波里广为流传合适吗？

1 圣经地带指美国最南部诸州，以及中西部的部分地区，因为这里的很多居民都是新教徒，严格信奉教义。（译者注）

南希满不在乎："在新泽西才不是这个意思！在加州也不是。"李打了几通电话，想加以证实。他问北方的朋友"乱来"是什么意思，没有几个人知道这个词在南方的特定含义。于是李写了这首歌的第三节，接着南希·辛纳屈和李·黑兹尔伍德着手开始制作唱片《靴子》。

李很清楚，为了抓住这首歌的精髓，他必须对南希清纯的形象做些改造，因为清纯，听众始终当她是弗兰克的乖乖女儿。她的声音几乎就是遗传基因带来的那么好听，只是在表现这首女子蹬掉欺骗她的渣男、转身绝尘而去的歌，嗓音听起来就太高、过于矫揉，因为她总是努力像老派的甜美流行歌星那样去唱，千方百计避开她天生的低音区。对此李给出了再清楚不过的指引："要唱得像个女孩儿在勾引卡车司机。"[1]

"这我能做到。"南希说。

她雄心勃勃。25岁的年纪，南希已经结过婚又离了婚，正打算在音乐舞台上大显身手。她清楚自己父亲的名望给了她非比寻常的机遇，她告诉经纪人说想演第一部电影，他就给她安排了《野帮伙》（*The Wild Angels*）里的主角，跟彼得·方达（Peter Fonda）演对手戏。但音乐还是她的最爱，她对音乐的热忱超过了做名人的欲望。"我一直都喜欢音乐，"南希回忆

1　也有报道说黑兹尔伍德的指示为"要唱得像个跟卡车司机私奔的16岁女孩"——或许，这个清洁版本是提供给媒体的？（作者注）

道，“我压根儿没想到《靴子》这专辑能这么火爆，从没想到。我想要的只有音乐。” 1965年，她与歌手、演员汤米·山德斯（Tommy Sands）的婚姻结束了，她抛弃了保守的棕色大波浪发型和包得严严实实的长裤套装——这个造型她曾在1965年的《呼啦布噜》（*Hullabaloo*，1965年1月到1966年8月期间在黄金时段播出的电视音乐综艺秀）上演唱《这么久了宝贝》（*So Long Babe*）时采用过，转而寻找新的造型，以便更适合她在镜头前表现的轻松、挑逗风格。

南希染了头发，整天都戴着黑色的假睫毛，晚上则戴着棕色的假睫毛入睡（“这样我早上醒来时看起来也棒极了，” 1966年10月刊的《哈泼斯芭莎》（*Harper's Bazaar*）杂志上，她对记者娜塔莉·吉特森（Natalie Gittelson）说。这个引起了共鸣的表述暗示，这个未婚的明星清晨时分身边一定有人，她就是为了他才要看起来很棒）。1966年，南希第二次上《呼啦布噜》表演她的新单曲，登上舞台的她精心打扮成冰霜金发美人，穿着白色宽松的乡村风格长袖上衣、A字形黑色迷你裙，裙摆刚到膝盖上方，还不像她后来的一些服装那么短、那么暴露。她跳舞时的背景是4只比真人还大的爱德华时代风格的靴子，一圈热情活泼的女舞蹈演员围着它们在跳摇摆舞。南希足蹬白色高筒靴，脚打着拍子，这个形象后来被用在了她的宣传海报上。这些照片——照片上是瘦削的金发性感尤物南希，穿着白色露背的极小的迷你裙，抱着双膝，长发精心地做得蓬蓬松松，化着烟熏妆——成了一组象征。这组照片在南希推出了热辣辣的《靴子》专辑封面之后推出，唱片封面上的南希侧卧着，手支着下巴，望向镜头的下方。穿着灰色紧身长袖衫、红色迷你裙、黑白相间的条纹连裤袜，和红色翻边海盗靴的南希化身为独立的美国摩斯族的新面孔，他们膜拜时尚，以此来表达自己离奇古怪、无所畏惧的独立精神。

形象的变化对南希的星途产生了意义非凡的影响，尽管不少歌迷归功于李的精明，南希则反驳说，这不过是她个人时尚感的自然进化。“我的第一张（李·黑兹尔伍德制作的）专辑，也就是《这么久了宝贝》推出之际，我去了伦敦。以前我还在唱泡泡糖式流行音乐的时候就已经去过伦敦了，那时我对时尚已经有了些感觉，但再一次去……我直接去了卡纳比街（Carnaby Street）。我迫不及待要去，因为我实在爱死了那里的潮流。”卡纳比街位于伦敦市中心，绵延3个街区，布满了时装店，有玛丽·昆特的潮店，是摩斯族和嬉皮士们的落脚点，他们酷爱在这条街上购买最新潮、即穿即弃的新装，也喜欢穿上这些时装摆姿势拍照。置身于这些抽着烟、观望新浪潮的酷儿之间，南希觉得自在极了，也从年轻人的活力和自我表达的

图30→p82
贝思·莱文设计的鞋子"歌舞伎"（Kabuki）。

勇气中得到了灵感。

她的很多著名的靴子正来自卡纳比街，而不是后来很多报道说的，由贝思·莱文（Beth Levine）设计制作（图30）。她回忆说："有些靴子是（莱文设计的），但绝大多数靴子还是我从伦敦淘来的，不是从贝思·莱文那儿买的。我想有些地方搞混了。"她继续说："你知道，玛丽·昆特，是我的……时尚教母，虽然她不知道这个，但她是我形象包装的灵感来源。后来我开始定做靴子的时候，才用贝思·莱文……再后来我在这儿，洛杉矶，正式的靴子制作者才是帕斯夸里·迪·法毕西欧（Pasquale Di Fabrizio）。他做了很多我上台穿着妙极了的靴子。"[1]她从伦敦借鉴来的时尚灵感正盛行，同一年，法国的性感小猫碧姬·芭铎（Brigitte Bardot）讥讽高级定制时装为"祖母穿的"，伊夫·圣·罗兰在巴黎左岸开了第一间成衣店。

李·黑兹尔伍德最开始与25岁的南希合作时也许心存疑虑，但他们的合作延续了下去，名垂史册。《靴子》成了美国和英国流行歌曲排行榜的头名，在澳大利亚、新西兰、巴西、日本、意大利和比利时也位列榜首。《靴子》是个直白的女性励志故事，鼓励女性如果男人的谎言被戳穿，就把这个欺骗她的男人一脚蹬开。这首歌旗帜鲜明地背离了20世纪50年代鼓吹的"支持你的男人"意识。顺带提一句，1968年乡村音乐歌

1 南希至今仍保有一些她在20世纪60年代定做的靴子："实际上我把一双红色的靴子做成了灯。"她笑称。（作者注）

手泰咪·温妮特（Tammy Wynette）录制了《支持你的男人》（*Stand by Your Man*）一歌，这首歌在流行歌曲排行榜上排第19名。南希传递出的信息具有启迪性，加上她线条优美的双腿，激发了一代人竞相模仿她的穿着。对靴子的需求急剧增加，一直执鞋类销售牛耳的萨克斯第五大道百货公司专门在鞋履区辟出一角，作为“贝思的靴子店”，这是鞋履设计夫妻档赫伯特（Herbert）和贝思· 莱文（正是她！）共同命名的品牌。到1966年底，南希的收入已达到50万美元（大约相当于今天的330万美元）。李·黑兹尔伍德，受命将弗兰克·辛纳屈的女儿打造成明星，圆满地完成了任务。而靴子，作为力量、壮丽青春和勇敢的象征，为真实生活中的一代亚马逊女战士的脚打造。

某种程度上，靴子作为活动时穿着的服饰已有着悠久的历史，也一直被视为妇女解放的象征。18世纪末，女性只有在骑马的时候穿靴子，后来也在“步行”运动时穿它们。乔纳森·沃尔福德（Jonathan Walford）在《诱惑的鞋子》（*The Seductive Shoe*）一书中阐释道:“这不只是漫步，而是一种需要正确姿势和体力的快步运动，也就是我们今天所称的徒步。当时它被认为是适合年轻女性的社会活动。”到了19世纪，女性撩起裙子，穿起靴子，骑上了自行车。每个阶层的女性都会在天气不好的时候穿长及膝盖的靴子，以保护双脚。靴子给了女人自由：骑马，骑自行车，甚至在恶劣天气里外出活动。

神奇女侠，穿靴子的女英雄典型，才最终让全美国接受了一个事实：靴子是权力的服饰。1966年，神奇女侠庆祝了她的25岁生日，意味着她在南希·辛纳屈这个年纪的年轻女孩的世界里从未缺席过。虽然神奇女侠最常被描绘成穿着靴子的形象，但她的鞋子也因为时代和参与画家的不同而有所变化：大约在20世纪50年代，她的靴子完全不见了，被罗马式平底凉鞋取代，这种鞋有类似芭蕾舞鞋的绑带，交叉系在小腿上。就像最初的靴子，神奇女侠脚上的罗马式凉鞋也以平底和高跟（1959年）、露趾和闭合的款式交替出现，有一两次甚至是金色的。这些在细节处加以改动的凉鞋在漫画中一直保持到1965年，在这段读者人数格外低的时期，“作者罗伯特·卡耐尔（Robert Kanigher）在20世纪40年代末期接替过了马斯顿的画笔，开始创作新的系列，试图重现1942年漫画书里的形象。”《神奇女侠百科全书》一书作者约翰·韦尔斯写道：“作为怀旧的一部分，神奇女侠的靴子被恢复了，不过它变成了全部都是红色的，以区别于起初版本——最早的靴子上靴筒前方有一道白色竖条纹。”复原靴子正是为了利用公众重新燃起的对漫画黄金时期[1]作品的兴趣，却没能拾起马斯顿故事的精神，也缺乏轻

1 美国漫画黄金时期指20世纪30年代末到大约50年代初。黄金时代开始的标志是1938年首次发表的《超人》漫画，其后涌现出大量重量级作品，有《蝙蝠侠》《美国队长》《神奇女侠》《神奇队长》等。（译者注）

2 Camp，是一种以让观者感到荒谬滑稽作为作品迷人与否评判标准的艺术感受。Camp一词来源于法语中的俚语“se camper”，意为“以夸张的方式展现”。1909年，Camp第一次出现在出版物中，并在《牛津英语词典》中被定义为“豪华铺张的、夸张的、装模作样的、戏剧化的、不真实的”，同时，该词也有“带有女性气息或同性恋色彩的”的含义。20世纪70年代中期，该词的

松自如的坎普风格[2]，不能激发出有抱负的收藏者的热情。

世界形势在20世纪60年代中后期比1942年更为复杂。虽然第二次世界大战令人恐惧，但它让美国人团结在一起，战胜了敌人。战争中敌我对抗的心态让普通公民以非黑即白的方式看世界。另一方面，肯尼迪总统被刺身亡令人震惊，接下来正在竞选总统的自由派候选人鲍比·肯尼迪再次遇刺，邪恶在我们中间而不是在我们之外，这种不安的感觉渐渐蔓延。同时，政治观点变得四分五裂：肯尼迪总统的继任者林登·约翰逊总统升级了本来就存在巨大争议的越南战争，加深了保守派战争支持者与自由派年轻人之间的鸿沟。保守派不计一切代价要遏制共产主义在全世界的扩张，而自由派认为美国人的鲜血是过高的代价。1967年4月，避孕药赫然登上了《时代》周刊的封面，协同第二波女权运动浪潮提出的诉求，使生育权问题陷入了意识形态领域的僵局。小马丁·路德·金（Martin Luther King Jr.）领导的民权运动引发了广泛关注，揭示了文化和代与代之间的差距，当金在孟菲斯旅馆的露台上突然被刺杀，一切戛然而止。

这就不觉得奇怪了：在这样的时代，那些诞生于黄金时期的漫画必须努力才能保住市场。1968年的夏天，DC漫画公司（DC Comics）发布了一则广告，许诺“神奇女侠……

（接上页）含义则被定义为“过度陈腐、平庸、狡诈和铺张，以至于产生了反常而复杂的吸引力”。（译者注）

将有真正的巨大的变化”。广告上，戴安娜·普林斯（Diana Prince）——人类社会中的超级女英雄，她对应的是超人克拉克·肯特（Clark Kent）——穿着灰黑色相间条纹的紧身连体裤，外罩摩登的亮橘色掐腰外套，乌黑闪亮的马尾辫垂向腰际。这广告是为1968年10月刊《神奇女侠》的登场作铺垫，这一期，复仇者时代的戴安娜·普林斯穿着时髦的街头装，拎着一罐油漆，首次亮相，封面上的大字是："忘记过去吧……新的神奇女侠在这里！"约翰·韦尔斯解释说："戴安娜·普林斯的造型明显受到了爱玛·皮尔[1]的影响，但真正的动力源于《神奇女侠》漫画销量的持续走低。文字撰写者丹尼·奥尼尔（Denny O'Neil）和画家迈克·塞库斯基（Mike Sekowsky）深信，读者无论男女都觉得角色与他们越来越不相干，因此两位创作者不再强调神奇女侠的超能力和行头，而引入了20世纪60年代后期生机勃勃的时尚和令人震撼的国际阴谋，虽然现在看来落伍得可怕。"奥尼尔和塞库斯基希望能给《神奇女侠》漫画注入新的生机，但是戏剧化的新造型产生了未预料到的后果。失去了超能力以后，戴安娜·普林斯的世界变得局限了。忽然之间，这个角色不再关心正义与邪恶的产生源头，她被错综复杂的感情生活耗干了。

"戴安娜·普林斯实验最终变成了好心办坏事，这一本的

1　Emma Peel，英国电视系列剧《复仇者》（*The Avengers*）女主角，是间谍、武士高手、天才剑客。穿着靴子的皮尔是摩斯族年代的女中豪杰，靠的是智慧和派头制服敌人，而非超能力。（作者注）

封面上明确宣传是‘女性解放的一期’，”威尔斯回忆道，“简单地说，戴安娜被一个曼哈顿商人雇为时装模特，毫不理会有人投诉他付给女售货员的工资比男性少很多。她无视她们的忧虑，说，‘很多时候我甚至不喜欢女人。’神奇女侠诞生70年来，这可能是最引人注目的一句话了。”女权运动的波澜尚未影响到漫画世界。[1]戴安娜·普林斯是训练有素的武术家，在与坏人较量的同时也没少花时间猜疑自己的感情生活。最终，是女演员格洛里娅·斯坦纳姆出手相救，成功说服DC漫画公司放弃戴安娜·普林斯的故事线，恢复了本来的女超人——她拥有让人敬畏的超能力——故事系列。

靴子与女人内在能力之间的关系建立起来了。如果高跟鞋象征着利用性魅力达成自己愿望的野心勃勃的女人，那么靴子就成为女性角色体力和道德力量的标志，穿靴子的女人敢于迎接挑战，而且还做得漂亮。蛇蝎美人最厉害之处在于她的操纵能力，但女武神瓦尔基里敢于直面恶龙，斗得恶龙上气不接下气，这令同伴惊讶，只因她超乎了人们对她的最保守的预期。女性气质曾被认为是根本的弱点，却成为女武神最宝贵的特质，而且她用之行善，而不是作恶。靴子带着魅惑性的性别模糊，它交织着“男性”的力量和“女性”的慈悲，再投入一分

1 不过影响很快就发生了。到20世纪70年代末80年代初，漫画书里也出现了令人尊敬的女英雄，比如《X战警》里的黑凤凰（即琴·葛蕾博士）。（作者注）

性感使其更有威力。

1968年，简·方达（Jane Fonda）出演了银河系里的性感女英雄芭芭丽娜（Barbarella）。富有前卫精神的法国设计师帕科· 拉巴纳（Paco Rabanne）和雅克·方特瑞（Jacques Fonteray）为她操刀的太空时代服装风格奇怪大胆，全套造型几乎就是一双怪异的靴子和一件比基尼。她让一种过膝高筒长靴（cuissardes）流行开来，这种紧贴腿部皮肤、靴筒高至大腿的靴子由安德烈·库雷热发明，方达穿上后又在靴子上加了吊袜带（图31）。为了扮成未来世界的女神，她顶着一头浓密蓬松的金发，后来方达在她的回忆录《我这一生》(*My Life So Far*）中开玩笑说，那头金发也应该出现在演员表上。尽管如此，她当时被极度缺乏安全感的痛楚咬啮折磨：“当时的我，一个痛恨自己身体的年轻女人，患有严重的厌食症，演一个只穿了一点点衣服有时甚至不穿衣服的性感女英雄。每天早上我都相信，瓦迪姆（方达当时的丈夫，“芭芭丽娜”一片的导演）醒来后会意识到自己犯了一个可怕的错误——‘天哪，她不是芭铎！’”对方达来说，她丈夫以前伴侣的名单上，凯瑟琳·德纳芙、碧姬·芭铎的名字在她心头萦绕不去，逼得她努力要达到她们那样传奇的高度。这意味着方达应对“摇摆的60年代”的办法是：生吞活剥字面意思让自己思想开放，克服诸如嫉妒

图31→p82
朱里奥·科泰拉西为《太空英雌芭芭丽娜》设计的过膝高筒长靴。

等“布尔乔亚”的情感，要与一连串不知其姓名的情人分享自己的丈夫，有时甚至还有自己的床铺。1968年3月29日，性爱电影和特立独行的生活方式让方达登上了《生活》杂志的封面。封面上，她穿了全副的芭芭丽娜行头，包括一双宽松慵懒的黑色低跟靴子，大标题是《方达的小姑娘简》(*Fonda's Little Girl Jane*)——和南希·辛纳屈一样，简·方达也在她父亲巨大成功的阴影下事业开始起步。虽然风生水起，但是方达推翻“体制”的愿望并没有被扼杀：“对她来说，电影里的一场裸戏——‘在故事涉及的艺术范畴内’，她特别强调——不过是一天的工作。为了践行这一观点，她努力清除心理障碍，看起来多数时候她做到了，偶尔也不灵。拘谨保守的感受还是会让她心烦意乱。”

通过电影《太空英雌芭芭丽娜》(*Barbarella*)，方达成了新一类不受传统思想束缚的女性的象征。这些女性承认并坦然面对自己的性欲，不再把性看作仅限于闺房中的秘密；性不是什么了不得的事，它是一种客观存在，将有见识的智者和古板守旧之徒区别开来。到20世纪60年代晚期，一夫一妻制就像尖跟鞋，被认为是极其落伍的事。1969年7月，《哈泼斯芭莎》发表了娜塔莉·吉特森撰写的披露性报道，文章篇幅有中篇小说那么长，标题为《美国妻子的性爱生活》(*The Erotic Life of the American Wife*)。她在文中指出，和很多事情一样，欺骗伴侣已经不仅仅是丈夫的专属。她写道："现代历史上第一次，已婚女人开始坦率地看待自己，除了从性别方面认识自己，还把自己看作有感情的人，这两方面都与自己的丈夫平等，双方都有着相同的权力和权利，分享相同的情感和幻想，而且在基于人性中相同的美德基础上享有相同的行动自由。"住在郊区的夫妻，表面上看起来犹如电视剧《反斗小宝贝》(*Leave It to Beaver*)中的沃德和琼·克里弗夫妇(Ward and June Cleaver)那么富有革命性，实则水面下流动偷情的暗涌。吉特森写道："与流行的都会传说不同，真正危及婚姻的不是通俗小说中那些'拆散家庭的危险分子'。人们很少讨论，全美国的家庭面临的威胁其实是彼得·好主妇夫人的邻居——乔治·好主妇夫人，她就住在草坪对面，或是镇子另一头。"《广告狂人》(*Mad Men*)里的贝蒂·德雷珀(Betty Draper)找了一个情人，不单是为了报复丈夫的不忠，也为了满足她的个人欲望。

简·方达充分接受了新的道德观。正如娜塔莉·吉特森指出的，一夫一妻制"不再是道德教条，而是一种个人美学和私人品味"。尽管方达后来把她在婚姻忠诚问题上采取的漫不经心态度归因于罗杰·瓦迪姆(Roger Vadim)富有说服力的人格魅力和始终折磨她的不安全感，二者交织在一起，极有危险性；但在某种意义上，在20世纪60年代，有些界线是应该被跨越的，某些按钮也应该被摁下去。《太空英雌芭芭丽娜》乍一看似乎是部坎普风格的情色轻喜剧，但是拯救世界的女主角在感情上和身体上都有非凡的爱的能力，这个夸张角色的存在证明了社会对可接受的女性行为的考量发生了变化。就像时尚界的统治阶层没能像圈外人玛丽·昆特那样对街头潮流迅速作出应对，权威也没能对美国女性正在变化的角色作出反应，有时反应之缓慢令人沮丧。恰如丽莎·帕克斯（Lisa Parks）在《摇摆的单身：20世纪60年代的代表“性”》（*Swinging Single: Representing Sexuality in the 1960s*）一书中所指，《太空英雌芭芭丽娜》上映之时还是女宇航员的概念仍被禁止的时代：“科学家认为女性身体具有极端不可预测性，尤其在月经期间，这让女性无法胜任航天任务。”女性在一定程度上可以为美国航空航天局（NASA）工作，但不能接受升空训练；妇女进入太空的议题在1962年曾被提交到美国科学宇航委员会讨论，也在大众媒体上讨论过，直到1983年，莎莉·莱德（Sally Ride）成为美国第一位女宇航员，才首次突破了这个屏障。因此，在20世纪60年代末看见一个女人（芭芭丽娜）——她是能够恢复银河间的和平与平衡的唯一强大武器，她的身体不承担责任而是宝贵的资产——穿着漂亮的月球靴，实在是非常有趣的事情。在喧嚣的年代，傻气和进步之间的地带很窄。当二者之间的界限变得模糊，便难以区分傻气和进步，如此方达本人“用了几十年”终于可以理解为什么后辈观众对《太空英雌芭芭丽娜》如此着迷，就像妈妈看见孩子傻里傻气的行为尽量不笑出来。真正的平等要立住脚，男人和女人占据相同的空间，终归需要时日。

10

道具鞋、高水台鞋和色情电影

Props, Platforms, and Porno

（1970—1974）

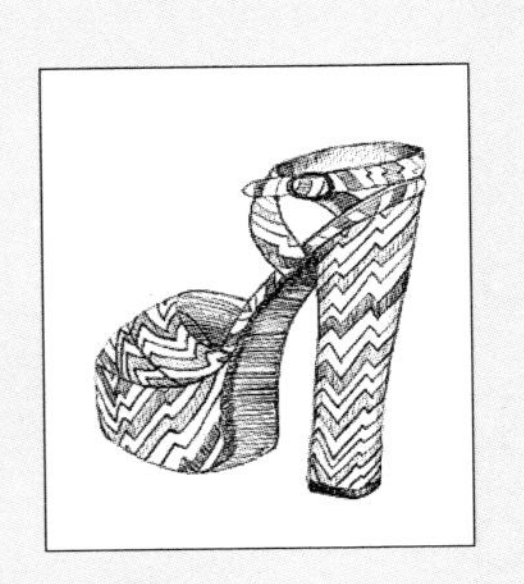

1970年5月：加利福尼亚州，好莱坞

随着反垄断调查和电视机销量的增加，电影公司几乎要被挤压得破产了。形势逼人，米高梅举办了一系列沉闷的夜间拍卖，好清算积累下来的那些道具中的宝贝。米高梅雇了一批人分拣那些玩意儿，装满了7个摄影棚，那些发了霉的、破损了的、遍布虫眼的东西则一股脑儿被打发到旧金山的跳蚤市场。在那儿的海特-阿什伯里区（Haight-Ashbury），人们只用花25美元甚至更少，就能买到伊丽莎白·泰勒（Elizabeth Taylor）、玛丽莲·梦露、葛丽泰·嘉宝穿过的裙子。好莱坞纪念品市场正在形成，电影公司只希望能变卖掉见证了一个时代的服装和道具，好省出保管费[1]。一个春天的晚上，米高梅27号舞台人声鼎沸，在拍卖师和清算专家大卫·魏茨（David Weisz）的指挥下，指挥台上摆满了经典电影《绿野仙踪》的小道具。那一晚的拍卖很成功：这部电影的小道具出乎意料地受欢迎，热情的竞拍者坐满了排排红椅子，愿意慷慨解囊买下老电影里的小东西，不然它们难以避免进垃圾桶的命运。伯特·拉尔（Bert Lahr）穿过的狮子服装拍出了2 400美元（相当于今天的13 000美元），女巫的帽子、坏人的尖角王冠，以450美元成交。

1 萨曼·鲁西迪（Salman Rushdie）在其短篇小说《在红宝石鞋的拍卖会上》（*At the Auction of the Ruby Slippers*）中将这次拍卖虚构为一次反乌托邦的旅行，在拍卖会上，厌世的竞标者们为了“一个失去的常态投标，而我们已经不再相信这个常态，但红宝石鞋向我们承诺，我们能回得去”。有权威性的纪实性揭秘作品《奥茨国的红宝石鞋》（*The Ruby Slippers of Oz*）作者，记者里斯·托马斯（Rhys Thomas）用更为尖锐的话说，这次拍卖就是“为好莱坞守丧18天”。（作者注）

接下来，该端上当晚的主菜了：编号为W-1048的多萝西红宝石鞋。开始拍卖，肯特·华纳（Kent Warner），一位热情、纤瘦、满头金发的电影戏装设计师，被授予了把它们端上台的殊荣，鞋子放在由他设计的丝绒垫子上，这是作为给他的奖励，是他在一个乱七八糟的角落里把这双红鞋子从一堆不出名的鞋子中翻出来的。可惜这双红鞋子已经不像人们记忆中的那么闪亮；它们也被穿坏了，远不如电影剧照展示的璀璨。拍卖监督人不禁希望着气氛热烈起来，他希望借周边环境以及这个特制的玻璃匣子让人们忽略鞋子黯淡的外表，说不定这样能拍出一个高价。W-1048号拍品的拍卖宣布开始。魏茨惊奇地发现，人们争相竞价，价格很快超过了已拍出的最贵的拍品，并超过了女演员黛比·雷诺兹（Debbie Reynolds）的出价。她早就瞄准了红宝石鞋，但是却低估了竞争对手，在之前的竞拍中花了太多预算。最终，红宝石鞋以一个谁也没有料到的价格，15 000美元，被一位匿名拍卖者（他的代理人称之为“南加州百万富翁”）拿下。人们都以为这是仅存的一双红宝石鞋，当然也是独有的所谓带着奥茨国魔法的银鞋子。

魏茨很高兴，拍卖赢家也心满意足地回了家。拍卖的新闻被报道出来后，罗伯塔·杰弗里斯·鲍曼（Roberta Jeffries Bauman），一个住在田纳西的中年妈妈听到了就开始翻箱倒柜。她翻出了一双红宝石鞋的原作，从1940年起她就妥善地收藏着，有时在家招待孩子的朋友就拿出来观赏一下，有时也借给孟菲斯公立图书馆用于展览。16岁时她参加当地报纸举办的选美比赛获胜，奖品就是这双多萝西的镶着红色亮片的鞋子，由米高梅公司的一个代表颁发给她。另一个幸运的同班同学得到了影片《史密斯先生到华盛顿》（*Mr. Smith Goes to Washington*）中的小法槌。鲍曼异常珍爱这双鞋，在看到关于米高梅27号舞台拍卖的消息之前，她从未怀疑过自己这笔个人财产的真实性，当然也从来没想过调查一下它们价值几何。

她联系了米高梅的服装部，但没有得到回音。终于，她的故事上了媒体：难道世上的红宝石鞋不止一双？鲍曼的这双尺码标为6B的鞋难道真的属于朱迪·嘉兰？嘉兰的鞋码记录下来的从6号半到儿童的4号，说什么的都有。如果付了15 000美元巨资的买家在填支票的时候满以为这是世上的孤品，他会觉得上当了（有消息说他恼羞成怒，可以理解，他以为买下的仅此一双的红宝石鞋原来不过是半真品）。现在人们相信，多萝西著名的红宝石鞋，肯特·华纳找到了不止一双，或者不止一个版本。他为米高梅的拍卖跑前忙后是怀有目的的，当他找到好几双积满灰尘的红宝石鞋时，便看见了烟花。

拍卖米高梅的往事富有象征意义：穿着亮闪闪鞋子，眼睛亮晶晶的童星们的时代已经逝去，也许这对大家都好。红宝石鞋在这个时代承担了更重要的意义，现实生活中的纯真越来越少，人们酝酿着对单纯年代的怀旧情绪。1969年8月8日，就在东海岸举办的为期三天、以歌颂和平、爱与理解为主旨的伍德斯托克音乐节开幕前一周，有孕在身的电影女明星莎朗·泰特（Sharon Tate）在她加州的家中被杀害。在洛杉矶温热的夜晚，泰特和她的客人晚饭后正享用美酒时，遭到查尔斯·曼森家族[1]成员的袭击，被残忍地刺死。几个月后，《生活》杂志发表了受害者、犯罪现场的照片，报道了接下来的审判，称这两起打着种族战争和末世旗号的谋杀“终结了60年代”。

在这个十年即将结束之际，发生的并不只有谋杀。这场犯罪强化了人们的一个感受：先是希望，随之而来则是毁灭性的杀戮，成为时代特征。这种感受是二者多次循环反复造成的，更不用说还有穷兵黩武的越战和征兵。世界是残酷、随意的，毫无公正可言。曼森家族的凶手们在法庭上接受审判时，眼神空洞，毫无悔意。由是，一个延续了很久的信任与乐观的时代让位给了失望，这是因为所有卷进狂飙运动的任性青少年突然意识到他们的父母有着相当多的缺陷，在失望的氛围中，重建美国梦无疑是个挑战。

1 Charles Manson's Family，美国人查尔斯·曼森在1967年创立于旧金山的一个邪教组织和杀人集团，也叫“曼森家族”。他为了挑起种族战争，策划了两起杀人事件，导演罗曼·波兰斯基（Roman Polanski）的妻子莎朗·泰特是他们的第一个目标。曼森家族成员多为嬉皮士，在谋杀案破获、审判后，美国各地掀起了反嬉皮士的浪潮，嬉皮士运动逐渐销声匿迹。（译者注）

就像一个情绪化的青春期少年，20世纪70年代初期的文化无可救药且毫无愧意地集中在性爱上。1972年，一部仅花了4万美元制作的小成本色情电影《深喉》（*Deep Throat*），在影院上线一年内票房收入达150万美元。女主演琳达·拉芙雷斯（Linda Lovelace）和她那些非比寻常的天才同事们开创了情色时尚的时代。同年，独立杂志《女士》（*Ms.*）第一期出版上市。这本女权主义月刊由格洛里娅·斯坦纳姆和莱蒂·帕格瑞宾（Letty Pogrebin）创办，第一期的封面上有3个名字：斯坦纳姆；西蒙娜·德·波伏娃（Simone de Beauvoir），她在1949年出版的著作《第二性》为第二波女权主义浪潮奠定了基础；还有就是封面女郎的名字。封面女郎穿着带有白色星星的蓝短裤、有金色图案的红色紧身胸衣，和靴筒长及膝盖的紧腿靴子，引人注目的大标题是"神奇女侠竞选总统"，穿着靴子的完美的超级女英雄正式被女权主义阵营接纳。

然而，普通女性也纠结于一个问题：在这个新时代，成为神奇女侠究竟意味着什么。做琳达·拉芙雷斯，享用不可思议、百无禁忌的性爱，从而成为女权主义的楷模？在斯坦纳姆和帕格瑞宾推动第二波女权运动的进程之时，很多年轻女性，从嬉皮士到新近涌现的迪斯科女郎，正在到处跟人睡。她们性感的装扮和滥交的行为突显了一个事实：远方斗士们为生育权而进行的斗争，以及从束缚女人行为规范的根深蒂固的规则中挣脱，这让她们被“解放”了。诺拉·艾芙隆（Nora Ephron）在《君子》杂志开设了一个“女人”专栏，1973年她写了一篇关于拉芙雷斯与《深喉》的文章，总结了两种现代女性：“好吧，琳达·拉芙雷斯，‘就是个简单的女孩，喜欢去滥交派对和裸体据点’。还有就是我这样的，焦虑、紧张、中产阶级、压抑，也许有清教徒倾向的女权主义者，看到色情电影就没有了幽默感。”一个女人既可以是有自由灵魂的林中仙子，也可以是个不解风情的知识分子，太拘泥于性的政治含义，反而无法放松下来享受性爱。

1973年，美国心理学会（American Psychiatric Association）不再将同性恋视为精神异常，《纽约时报》的知识分子们继续倡导工作场合中“不要问、不要说”的信条，夜晚在派对挑逗性的灯光下，每个男人都在寻找自我的欲望。在伦敦，朋克运动生机勃勃，性和暴力不仅充斥于音乐和音乐表达中，也体现在服装上，朋克服装借鉴性虐文化，大量使用金属和黑色皮革元素。学校教师薇薇安·维斯特伍德（Vivienne Westwood）和她的男友马尔科姆·麦克拉伦（Malcolm McLaren）——他是性手枪乐队（Sex Pistols）的经理人——共同经营了一间名为“性”（Sex）的服装店（后来改名为“煽动分子”（Seditionaries）)，销售朋克和恋物癖的服装，投合了一班音乐爱好者和性爱冒险者所好。他们要找捆绑式的衣服和危险的、布满尖钉的鞋子。他们的第一个系列由这个瘦得皮包骨头的英国小子和他勇气十足、把头发漂成白金色的女朋友亲自设计、安排，有印着万字饰、脸部被污损的女王照片的无指手套，有采用丝网印刷技术印上裸体男人和男孩形象的T恤，还有的T恤衫上印着衣衫不整的白雪公主和七个小矮人在狂欢。

没有什么是庄严神圣的——从伦敦国王路30号的反叛服装店（薇薇安·维斯特伍德的店）到主流时尚杂志的内页，色情画遍地都是。摄影师盖·伯丁（Guy Bourdin）为高端鞋履品牌查尔斯·卓丹（Charles Jourdan）拍摄的广告上，模特摆出各种有伤风化的姿势：一个模特穿着迷你裙和树莓红细高跟鞋，劈开双腿趴在长沙发上，极富暗示性；另一个向后仰着，露出一线吊袜松紧带，用她那闪耀着光芒的露后跟红高跟鞋将一张黑白照片夹在两踝之间，照片上是青少年心中的万人迷，后来的迪斯科之王约翰·屈伏塔（John Travolta）。伯丁曾是曼·雷（Man Ray）的学生，从1967年到1981年一直为查尔斯·卓丹拍摄广告。在广告片中他将穿高跟鞋的女人解构为脱离了肉体的肢体，也对各种惹火的性爱、死亡、暴力进行了审美化展现。这时候，并非只有女人才发现自己成了不带感情色彩的、将她们物化观察的对象。1972年，36岁的伯特·雷诺兹（Burt Reynolds）为杂志《大都会》（*Cosmopolitan*）拍了裸照：他侧卧在一张熊皮地毯上，齿间衔着烟卷，一只手臂欲盖弥彰地挡在两腿之间。拍这样的照片对雷诺兹是个挑战，开拍前，杂志主编海伦·格利·布朗（Helen Gurley Brown）质疑男人为什么不能拍大跨页的裸照，这样的猛男等同于《花花公子》里的裸体女模特。她的尝试让杂志卖出了160万册，比《花花小姐》（*Playgirl*）杂志早了一年。

雌雄同体的气质开始流行。某种程度上，20世纪70年代最潮的时装可以用两身白色长裤套装来概括：比安卡·贾格尔（Bianca Jagger）在1972年穿过的白色套装，以及约翰·屈伏塔在1977年的电影《周末夜狂热》（*Saturday Night Fever*）中扮演托尼·马内罗（Tony Manero）所穿的白套装。后者引起了全美国人的模仿。在电影中扮演托尼头号追星族安妮塔的唐娜·佩斯科（Donna Pescow）回忆说："电影上映以后，在44大道上一次就能看到二三十个穿白色套装的人走过。"效仿者也渴望拥有屈伏塔那般非凡的魅力、从容和强大气质。另一个偶像，比安卡·贾格尔趾高气扬走出希斯罗机场，穿着白色三件套西装，戴着黑色圆顶礼帽，手提相配的手杖，无意中宣告了一个“怎么都行”的时代开始了。比安卡生在远离时尚之都伦敦和纽约的尼加拉瓜，此时她与英国摇滚明星丈夫米克·贾格尔结婚才一年。结婚时她穿了类似的伊夫·圣·罗兰白西装，有着很深的V字领口，搭配长及脚踝的裙子，再配上一顶白色宽檐软帽，帽子上垂下好像养蜂人戴的网状面纱，足以让在肯塔基赛马会上喝着波旁威士忌的淑女们妒忌艳羡。

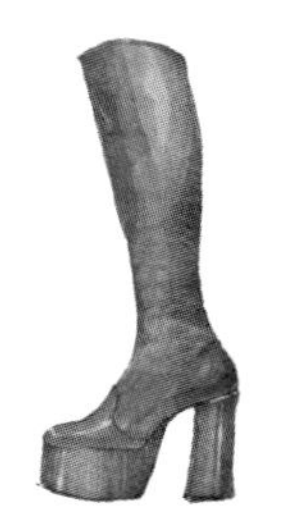

图32→p83
比芭的高水台长筒靴。

20世纪70年代，不管是比芭（Biba）、泰瑞·德·哈维兰（Terry de Havilland）等设计师品牌，还是科克-易思（Kork-Ease）这样的鞋业公司，出品的鞋款都是粗暴狂野的。高水台高跟鞋处于主导地位（图32）：白天穿的松糕鞋和坡跟鞋，鞋底采用木材、软木、酒椰纤维和麻绳天然材料制成；晚间穿的鞋水台更高，有着彩虹般的颜色，装饰着令人眼花缭乱的饰物、人造钻石和亮片。进入20世纪以来，这是第一次，男人和女人的鞋子有了惊人的相似；很多爱尝鲜的年轻男人从孔雀革命[1]中得到启发，试着穿上厚底鞋和古巴跟鞋，让出没于夜店的男人女人有了一种相似的外表：超凡脱俗，高高在上。正如1972年《纽约时报》报道的，“布鲁明代尔百货公司（Bloomingdale's）附近的旱坞区这一年来如雨后春笋般冒出很多花哨的鞋店，里面挤满了年轻人。他们认为那些鞋子棒极了。他们穿着高台鞋学走路的样子就像摇椅摇摇摆摆，高达

1　Peacock Revolution，发生在20世纪60年代的男装变革，对男装的发展有着非同寻常的意义。自19世纪以来，男装以深沉的色调、朴素的外观为主，少有装饰，进入20世纪60年代，受到同性恋时尚和摇滚乐队的影响，男装也多了活泼艳丽的元素，比如无领外套、瘦腿裤、鲜艳的颜色、褶边、领结、印花，等等。服装逐渐变得无性别差异，在同一家服装店里，男人和女人都能买到同一款式的衣服。（译者注）

85美元的标价也不能阻止这些十几岁到三十岁的小伙子们抢购金和银、粉和紫、绿和黄相间的妖冶鞋子，好跟他们女朋友穿的鞋相匹配。”在追求个人风格的过程中，这些男人逐渐明白穿垫高的鞋走路非常不适；文章中采访了一个高水台鞋的男性狂热粉丝，他承认，“刚开始穿3寸跟和4寸跟时，走路时必须前倾的姿势让他的背部和小腿肌肉疼痛不已。”

除了在路易十四的宫廷里，男人穿高跟鞋并非常态。几百年来，男人们走路时穿过各式各样的鞋，有靴子、平底船鞋、牛津鞋，所有的鞋都实用耐穿，鞋底的设计也是为了支持身体的姿态、走路的步态和平衡。但正如女性的鞋子演化成了传递经济地位和社会阶层等信息的工具，男鞋也发展出了区分的功能，比如区分富人和穷人、潮流创造者和追随者。以普廉尖鞋（poulaine）为例（图33），这是一种平底鞋，长长的尖头很像匹诺曹的鼻子。当十字军从东方回到欧洲家乡，带回这种不同寻常的鞋子，普廉尖鞋在贵族阶层中迅速流行开来。一旦“地位卑微的人也开始赶这种怪异的时髦……统治阶层的应对办法是，规定鞋尖的长度要与社会阶层相对应：普通人半英尺长，小资产阶级一英尺长，骑士一英尺半长，贵族两英尺长，王子亲王两英尺半长，以至于他们得用金或银制的链子将鞋头吊起，挂在膝盖上才能走路。鞋子长度也分等级导致法国有了句

图33→p83
普廉尖鞋。

谚语‘过大脚的生活’（vivre sur un grand pied），表示世俗等级用鞋子的长度反映出来了。”在社会等级观念成为根深蒂固的文化的时代，规定鞋子的长度多此一举，但普廉尖鞋成为另一种排他的形式，另一种离间精英与大众的方式[1]。后来在路易十四的宫廷里，贵族男性不仅穿着高跟鞋，鞋跟还涂成红色，表明他们是宫廷成员。这种风尚一直流行到法国大革命爆发，此时路易式的奢靡浮夸品位忽然之间都过时了。

20世纪70年代，男人穿高跟鞋的行为显然要民主得多，既有嬉皮士穿柔软皮革做成的木厚底高跟鞋，也有迪斯科舞王热情如火地穿着松糕鞋。如果有什么不同的话，那就是一个男人敢于穿上高跟鞋，他首先就有着有力的步伐和不留一个活口的决绝态度。从这一点看，在20世纪唯一敢经常穿着高跟鞋的美国男性群体只有牛仔，也正是牛仔发明了昂首阔步的步姿。牛仔可以穿高跟靴子而不被嘲笑，是因为鞋跟是驾驭马匹的有用工具。平底鞋很容易滑出马镫，有了鞋跟就可以防止脚在马镫上向前移动，使得骑手更容易控制马匹，坐在马鞍上更舒适。事实上，高跟鞋时髦起来恰恰是这个原因，男性之所以喜欢高跟鞋，是因为它们赋予男性额外的对动物的征服感。“高跟鞋在被引进到西方服饰界之前，已在近东被普遍穿着了几个世纪。”加拿大多伦多的贝塔鞋履博物馆墙上，一块铭牌这样写

1　鞋子好似男性阳具的造型也引起了威廉·罗西（William Rossi）的兴趣，他是《脚与鞋的性生活》（*The Sex Life of the Foot and Shoe*）一书的作者。他称，在文明教养的晚宴上“男人竖起的普廉尖鞋的尖头会伸过去把坐在对面女宾客的裙子边挑起来”。（作者注）

道。到16世纪末，高跟鞋在西方的男性和女性中均受到欢迎，因为“欧洲和东方国家，特别是在政治舞台上越来越重要的波斯，它们之间的政治和经济交流发展起来了”。

但是在20世纪70年代，男人穿高跟鞋只有一个原因：为了扮酷。T-Rex乐队（原名雷克斯暴龙乐队，Tyrannosaurus Rex）的马克·伯兰（Mark Bolan，原名马克·费尔德，Marc Feld）将高跟鞋提升到了另一重境界，为起始于英国的华丽摇滚运动增添了华彩，促进了它迅速传播到海外。在音乐上，披头士乐队为美国听众开启了新声，就如南希·埃尔利赫（Nancy Erlich）在1971年为《纽约时报》撰写的报道:“美国的普罗大众……如今是有相当鉴赏力的听众了。我们已经懂得音乐不仅仅是娱乐，已经懂得设身处地聆听歌曲作者的音乐，这样听歌不轻松，但是相当有回报感。”换句话说，我们的思想被集体拓宽了，老兄。“设身处地”去听马克·伯兰的歌曲，意味着欣然接受他的夸张天分，这种夸张同时存在于他的作曲风格和现场演出中。起初他还只是用了少量的闪烁装饰或羽毛围巾，随着他在20世纪70年代早期的成功，这个梳着爆炸头、黑眼睛、下巴中间有道沟，男性气概十足的乐手也穿戴起了高筒礼帽、丝绒和豹纹衣服、丝绸围巾，时常足蹬高耸的鞋子，这让他在舞台上的造型显得异常高不可攀。摇滚明星们开始穿女装，这反倒使他们看起来更阳刚。以设计摇滚风格为主的男装设计师约翰·瓦维托斯（John Varvatos）回忆："我与伊基·波普（Iggy Pop）聊起他和傀儡乐队（The Stooges）20世纪70年代初的事，他回想起来那时经常去买女孩的上衣，甚至买女孩的牛仔裤，因为，他强调说，穿女装能把乐队包装得更好……罗伯特·普朗特（Robert Plant）也对我说过同样的（穿女装）事。这并非因为他们是同性恋或者娘娘腔，他们就是为了想办法让舞台表演更有看头，同时把舞台上的表现转变成他们的个人风格。"马克·伯兰是个直男，他在1975年与歌手葛洛莉娅·琼斯（Gloria Jones）生了一个孩子。但他戏剧性的摇滚形象引出了一种超脱尘世、跨越性别的风格，这种风格是为炫而存在的，也催生音乐人做出辉煌且迷幻的音乐。伯兰的朋友大卫·鲍伊（David Bowie，原名大卫·罗伯特·琼斯）将这一风格更深入了一步。1972年他发行了一张专辑，将自己化名为外星人Ziggy Stardust，并以此为专辑命名。Ziggy满脸化着浓妆，穿紧身衣、连衣紧身裤、斗篷，闪光的金属色面料则为了刻画出他来自遥远的外星球。他的各种靴子，红色树脂高水台齐膝靴，或者有恋足癖倾向的黑色系带尖跟靴，都拉长了鲍伊原本就瘦长的身材比例，突出他非同一般的性吸引力[1]。

1　空气中弥漫着性的气息，宝贝儿们肯定是立刻就粉上他了，不是吗？意味深长的是，有数据显示，20世纪70年代和80年代初有着20世纪最低的生育率，甚至低于30年代大萧条时期的出生率。避孕药看似是显而易见的原因，威廉·罗西却在《脚与鞋的性生活》提出了另一种理论。罗西不是男人穿高水台鞋子的拥趸："谁在穿孔雀鞋子？是那些缺乏安全感的男人，他们需要个人身份认同。这种鞋子的风格，自命不凡又俗丽矫饰，是一种炫耀性的'瞧，咱多神气'。所以穿这些鞋的绝大多数是年轻人和一些少数族群，因为他们要争取注意力、赞美和社会地位。"罗西认为雌雄同体风格的厚底高跟鞋消除了两性之间的差异，以及神秘的气氛，最终消弭了穿鞋人的性冲动；同理，或许，过度曝光的性形象也减少了性的效力，最终导致全面失去性趣。他甚至引用了《圣经》中的辞句："女子不可穿男人服装，男人亦不可穿女子衣裙。做这种事的人，耶和华你的上帝厌恶。"（作者注）

雌雄同体、宽松的性倾向与外太空造型的结合被证明是成功的。升级版的入侵外星人不再只是手拿先进武器的绿色极客，而是更多元变态的性解放主义者（这种对外星人的恐惧完全不同于传统的视角）。在理查德·奥布里恩（Richard O'Brien）编剧的电影《洛基恐怖秀》（*The Rocky Horror Picture Show*）中，前所未有地塑造了一个小头指挥大头，华丽摇滚范儿的异装癖外星人弗兰克·N.佛特（Frank N.Furter），由蒂姆·克里（Tim Curry）扮演。他来自变性星球特兰西瓦尼亚（Transsexual, Transylvania），放荡淫乱，既引诱男人也诱惑女人，并用外星技术制造出一个金发男性性奴洛基。洛基有着堪比巨神阿特拉斯的身体，只穿布料极少的金色内裤。（或许尽管）弗兰克穿的是传统款女式内衣——黑色长筒丝袜、吊袜带、紧身胸衣，戴珍珠项链，当然还有亮闪闪的鞋跟有四五寸高的高水台浅口鞋，绕踝而系的鞋带纤细得不成比例——仍极具魅惑。这双鞋是泰瑞·德·哈维兰设计的，他被称为伦敦的"摇滚鞋匠"，《洛基恐怖秀》最早在1973年上演舞台剧版的时候，就是他做的鞋子设计。德·哈维兰是伦敦东区鞋匠的儿子，就像之前的伯兰和鲍伊一样，为了增添性感气氛，他改掉了自己原有的姓氏希金斯（Higgins），倒也符合那个时代宣扬的华丽浮夸风潮。虽然最初对父亲的制鞋行业不感兴趣，但他很快展现出过人的才华，他用多个色块的蟒蛇皮拼接出整件皮具，最终成为自己的招牌风格。他的鞋子吸引了众多名人客户，包括鲍伊、米克·贾格尔（Mick Jagger），还有凯斯·理查兹（Keith Richards）交往了很长时间的模特明星女友安妮塔·帕里博格（Anita Pallenberg）。他玩世不恭的态度，设计出来的华丽出挑鞋子，完美地嵌进了《洛基恐怖秀》。奥布里恩编剧的这部戏是对任性的享乐主义的小小致意，“它可以被解读为一次嗑了药的旅行寓言，一曲对性爱实验的赞歌（或警告），一封写给老式B级片的情书，甚至是一场对美国政治堕落的讽刺。”他在2009年对伦敦的《泰晤士报》（*Times*）说。弗兰克·N.佛特——“一个戏剧皇后……一个享乐主义者，一个自我放纵、沉溺于肉欲的人”——他直言，原型是他的母亲。

基于时代背景，这个说法令人震惊，但并不出乎意料。1975年的电影《汤米》(*Tommy*)改编自谁人乐队（The Who）的摇滚歌剧，以全新的角度洞察了俄狄浦斯情结。汤米的母亲由曾经的青少年梦中情人、外形冰清玉洁的安-玛格丽特（Ann-Margret）扮演，她把“又聋，又哑，又瞎”的儿子扔给操纵着贩毒和卖淫的吉卜赛团伙。不久她便崩溃了，剧中用这样的情节来表现——她穿着钩针织的紧身连体衣，躺在棕色的污液里翻滚。《汤米》中出现了那十年最出格的高水台鞋：

蒂娜·特纳（Tina Turner）扮演的迷幻药女王（Acid Queen）穿着亮晶晶的红色高水台高跟鞋（某种程度上是反红宝石鞋），跺着脚，用一件扎满吸毒针头的金属色外套裹住她那柔弱无助的被保护人。即便是这双红鞋子也抢不过埃尔顿·约翰（Elton John）鞋子的风头。埃尔顿扮演一个自鸣得意的游戏机达人，被汤米打败的弹子球冠军（在片中他的绰号叫“本地人”）。他把这个角色演绎得淋漓尽致，戴着超大的迪斯科眼镜、蓝色贝雷帽，穿着闪亮的杂色拼布衬衫和同样闪亮的红色背带裤，散发着利贝拉切（Liberace）的气质[1]，正如埃尔顿自己的舞台表演风格。为保住“本地人”的龙头老大地位，埃尔顿穿了娱乐业史上最为高峻巍峨的鞋子：受当时伦敦年轻人中流行的樱桃红马丁医生1460靴子的启发，英格兰北安普敦郡的化工公司斯科特·贝德（Scott Bader）用玻璃纤维特制了这双鞋底水台高达4英尺6寸半（约139厘米）的靴子。埃尔顿非常珍爱这双靴子，个人珍藏到1988年才将其卖给了R·格里格斯公司（R. Griggs），也就是生产马丁医生靴的公司，后者马上把这些靴子借给了北安普敦博物馆。

自路易十四的颓靡时代之始，男性高跟鞋即变为权力和阶级的象征，后来也被用作形象改造和自我神话的道具。在20世纪70年代，高水台鞋让男人变成女人，把歌星变成外星人，

1　原名Władziu Valentino Liberace，1919—1987，美国钢琴家，衣着奢华绚丽，表演风格极为夸张，擅长演奏浪漫歌曲，有时边唱边弹，而且钢琴上总是放着蜡烛，是拉斯维加斯的常驻明星。他也曾因为在电视上的表演获得艾美奖。他的姓氏演变成形容舞台风格和生活方式“夸张绚丽”的代称。（译者注）

还在1977年将一个美国出生的意大利男孩塑造成了迪斯科传奇。高水台鞋出现在时装天桥上的时代，正是人们认为打破时尚边界无比重要的时候。很快，这种鞋就因一个电影角色（托尼·马内罗）和一个演员（约翰·屈伏塔）而不朽。这个角色散发出一种混合了佯装的勇敢和潜在的敏感的气质，让公众为之倾倒。琼·迪迪安（Joan Didion）写到20世纪60年代末到70年代初的一系列机车电影时，谈及了片中粗野的反英雄："看机车电影，就是最终要去理解——容忍小小的不满在何种程度上已经不再是美国人所欣赏的品质，去理解——对于一个不存在的挫败临界点在何种程度上不再被认为是精神变态，而是'一种权利'……机车电影是为那些有着模糊的'山区'身世、野蛮生长的西部和西南部孩子们拍的，这些孩子认为世界并非他们创造的，对世界有种莫名的愤恨。这样的孩子日益增多，他们的风格就是一代人的风格。"

11

中性舞王

The Lord of the Gender-Bending Dance

（1977—1979）

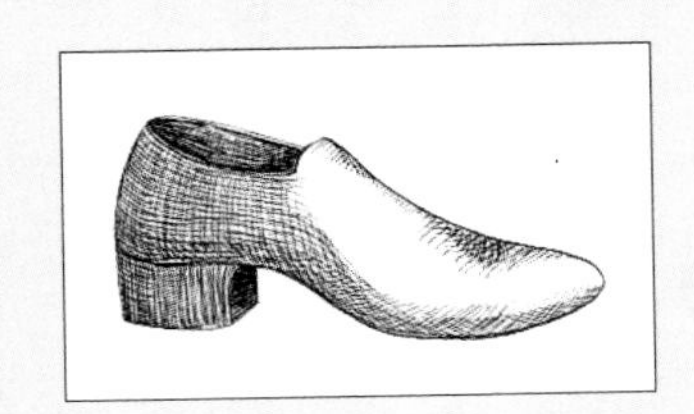

1977年前后，时尚潮流围绕音乐而流转。纽约城里变魔术似的夜生活或许就定格在三个场景：

54号俱乐部（Studio 54）：最主流的夜店，很讽刺的是，它也最排外。会员每年要付125美元（相当于现在的445美元）的会员费才能跨进它的门槛，那入口突出的黑色遮篷上有着白色的装饰艺术风格的“54”标识，生怕那些排成长龙的眼巴巴张望的可怜虫还没有把这个地方标清楚。54号俱乐部位于西54街254号，在第7大道和第8大道之间，以前曾是歌剧院，也做过哥伦比亚广播公司的电视节目演播室，这里举办的夜趴在纽约城中最是纸醉金迷。那些名流客人，约翰·屈伏塔、米克与比安卡·贾格尔、波姬·小丝（Brooke Shields）、安迪·沃霍尔（Andy Warhol）、侯司顿（Halston）、杰克·尼科尔森（Jack Nicholson），趾高气扬穿过装饰着高16英尺（约4.9米）、熠熠生光的无花果树和铺着进口的用香蕉叶编织的地毯的大堂，走向正中的厅堂，那儿，名流们和各路神仙鬼怪在共舞，也共用可乐吸管。贵宾们穿着亮瞎眼的5寸高松糕鞋、紧身弹力的人造纤维衣物，它们与身体一起舞动，反射着迪斯科球的光斑。他们在1 200平方尺的黑色阿斯特罗特夫尼龙草皮（AstroTurf）上跳舞，在热火朝天的迪斯科天堂里享乐，纵情声色至朝阳升起。为什么不呢——在54号俱乐部这里，永远是黑夜，万一有什么人问起是什么让寻欢作乐源源不断地输出？那是这些不食人间烟火的人，含着银匙来到世界上，守护着有节奏震动的舞池。

CBGB：从54号俱乐部往下城方向走，位于包俄瑞区（Bowery）一片毫无生气的狭长地区，是更为粗犷的夜店。循着歌手尖利的歌声、震耳欲聋的电贝斯乐声和铿锵的鼓声，踩着街上的碎玻璃，路过醒不来的流浪汉，就能找到315号，它的标识是白色的遮阳篷和橙色泡泡字体写的店名。俱乐部的全名为CBGB OMFUG，是“乡村、蓝草、蓝调和其他音乐，为振奋的老饕们而备”的缩写。不久，美国朋克摇滚在此地诞生，歌声就像一种全新的病毒，传遍全美国，传到大西洋对岸。在俱乐部画满涂鸦的黑色墙内，弥漫着迷幻剂点燃后散发的烟雾，性手枪乐队（Sex Pistols）的贝斯手席德·维瑟斯（Sid Vicious）和南希·斯庞根（Nancy Spungen）相爱相杀，一会儿暴力相向一会儿浓情蜜意。也正是在这儿，雷蒙斯乐队（Ramones）——4个来自皇后区、留着长发的男孩——第一次拿起了乐器，他们发现搞摇滚乐不需要经过音乐训练。聚集在这儿的人们身体上打着洞，刺着文身，狂野不堪；他们戴许多耳环，头发要么染得漆黑要么漂成白金色，穿裤裆极低的牛仔裤，鞋子上装饰着尖刺和铆钉——这还只是男人。女人们穿衣服是为了煽动气氛，衣着极为性感，都是迷你裙、渔网袜、高跟鞋，或是像她们的男朋友一样，衣服撕出破洞，要么剃了光头，身体上别着安全别针。

第8街剧场（The Eighth Street Playhouse）：是纽约标志性的剧院，坐落在对同性恋很友善的格林尼治区，每周五和周六的午夜都放映《洛基恐怖秀》。看这部电影是一种交互式的体验，观众在走道间爬行，冲着银幕尖叫，布莱德和珍妮举行婚礼时他们也撒米，《时空弯曲》（*Time Warp*）歌声一响起他们就从座位上跳起来开始起舞。影迷们脱掉工作日穿的单调平庸的西装，做出蓬松的发型，化上浓艳的妆，穿上性感的内衣和鞋跟极高的鞋，打扮得光彩夺目来到电影院，在药物、酒精和肾上腺素的混合刺激下抛开了一切禁忌。受20世纪70年代早期华丽摇滚的启发，观众在祭坛上顶礼膜拜的是狂想和自我放纵，他们的仪式由高高在上的现场司仪主持，当然还有蒂姆·克里本人，他的形象比银幕上的弗兰克·N.佛特，那没有道德原则、毫不甜美的异装癖还要高大。

基于尝试药物、性、服饰和身份认同的愿望，每一个夜店都塑造出自己的特征，无论迪斯科舞者还是顽固的朋克摇滚乐手，都在尝试边缘化的生活，寻找机会改变个人风格。时尚史上第一次，街头风格和成衣压倒高级定制时装，成为左右潮流的力量。从20世纪60年代开始，高级时装屋的地位逐渐被圈外设计师如玛丽·昆特和贝特西·约翰逊（Betsey Johnson）取代，到70年代已成定局。此时，“时尚”——发布什么是流行、什么是落伍的组织，与“风格”——消费者对时尚的重新诠释，之间的差别完全消弭了。《洛基恐怖秀》里充满惊悚怪异的铃声和哨音，传达的却是友好、善解人意的信息：不要只做梦，一起来吧。美国文化开始了集体性的自动失忆，沉迷于肤浅而不是深刻的过去时光。

哦，来吧……大家来跳舞。人们跳舞是为了遗忘。他们在《时空弯曲》的乐声中跳舞，在遍布全美国的每一家黑暗的电影院里跳舞，俗气地效仿片中舞者分成组移动或者小鸡舞那样的舞姿。他们在CBGB这样的地下俱乐部和金发女郎（Blondie）、雷蒙斯和性手枪乐队的重金属摇滚中疯狂摇摆；在54号俱乐部这种迪斯科厅，则沉迷于戴安娜·罗斯（Diana Ross）、唐娜·莎曼（Donna Summer）和比吉斯（Bee Gees）的歌声；白人派对狂欢者也发现了摩城唱片公司（Motown）的音乐，摩城掀起了新一波流行音乐的浪潮。在民权运动热潮褪去，女性解放运动持续10年后，布满尘土的壁垒开始坍塌。变化在奇怪和意想不到的情况下浮现出来，虽然在当前，变化尚显得反复无常。

好莱坞着手捕捉纽约摩登夜生活的魔力只是个时间问题。澳大利亚商人罗伯特·斯蒂格伍德（Robert Stigwood）在美国制作了电影版的《汤米》，以及一系列舞台剧，如《发》（*Hair*）和《万世巨星》（*Jesus Christ Superstar*）。1971年，在为音乐剧《万世巨星》组织的试演中，他看到了一个泽西来的蓝眼睛年轻人，才华横溢但未经过打磨，还有杀死人的微笑。斯蒂格伍德在《万世巨星》里没有给约翰·屈伏塔安排角色，但他在脑海中给约翰·屈伏塔贴了个“正在上升密切关注”的标签，并且愿意未来与他合作。之后，《纽约》（*New York*）杂志在1976年发表了一篇文章，不仅影响了美国新闻业，也影响到斯蒂格伍德与约翰·屈伏塔在等待的那个合作。

尼克·科恩（Nik Cohn）撰写的《周末夜部落仪式内幕》（*Inside the Tribal Rights of the New Saturday Night*）是爆炸性的：它描绘了一张贝瑞吉区（Bay Ridge）绝望的意大利少年的时尚群像，作者在文中作为“曼哈顿来的穿花呢西装的记者”出现。他与一个名为“面孔”（The Faces）的团体获得了亲密接触。在他们的生活中，人际关系令人厌倦，工作看不到出路，唯一的慰藉就是周末去“2001太空漫游”舞厅（2001 Odyssey）转一圈。科恩把他们视为后60年代一代人的代表：陷在全国性经济低迷形成的泥潭中，失去了本该受宠溺的青少年那无忧无虑的生活。“面孔”的领袖文森特（Vincent）有着“黑色的头发和黑色的眼睛……牙齿那样白，那样闪烁，常常被以为它们是假的……穿着高水台鞋身高5尺9寸（约175厘米）”。他在舞池里有舞王的地位，但也无法逃离一个必然的真相，那就是有一天将有新鲜的、更年轻的“面孔”取代他。而他也会从众多爱慕他的女人中选一个做妻子，生儿育女，服从于撑门立户、养家糊口这一新角色，当然，前提是他没有被附近别的某个族群——与他和哥们儿长期不和——杀掉。文森特没有选择，只能活在当下，纵情于转瞬即逝的得意时光：当他买了新的涤纶衬衫时（先付订金再分期付款），当迪斯科舞厅像红海为摩西分开那样为他分开时，当他屈尊吻一个女孩，女孩受宠若惊，向全世界宣告“她刚刚吻过阿尔·帕西诺（Al Pacino）”时。

科恩的文章被捧为新新闻写作的典范之作，发表后很快被派拉蒙公司买下改编权[1]。屈伏塔的经纪人布莱恩·爱泼斯坦（Brian Epstein）看到文章后，毫不迟疑地认定他代理的年轻演员与文森特这个角色是天造地设。约翰星光熠熠，约翰舞姿翩翩，约翰能演出复杂，往往还很自私的人性中的一丝温情。幸运的是，斯蒂格伍德还记得屈伏塔，因为那次决定命运的试演。他同意了。创作团队把主角名字从文森特改成了托尼。约

1 尽管《周末夜部落仪式内幕》因其反映了粗粝的现实而获得荣誉，但它被发现是虚构作品。这个编造的故事附有一份免责声明：“文中描写的每一个情节都是真实的，为作者亲眼所见，或相关人士亲口对作者讲述。”1983年，科恩因为贩卖海洛因被起诉；1994年，他为英国《卫报》担任专栏作者，在英国报纸上承认，他从来就没有和贝瑞吉区的“面孔”群体相处过。应邀写这样一个与他无关的题材，他说，自己就以他在伦敦家乡认识的摩斯族基础上塑造了文森特。至今，这篇作品仍有传奇色彩。（作者注）

翰把他的脚一伸进马内罗的古巴跟高水台鞋里，便意识到自己要累到四脚朝天的地步（真的，爱吃垃圾食品的约翰为电影减掉了20磅体重）。没错，他能跳舞，接受过音乐剧表演的专业训练和舞蹈学习，但他不是那种一抬脚就瞬间震慑全场的舞者。他也对用摄像机的特技和切换来假拍舞蹈镜头没有兴趣。因此约翰紧急打电话给罗伯特·斯蒂格伍德求援。

斯蒂格伍德的回答干脆明确：这位领衔主演必须全身心练习。几个月来，屈伏塔每晚练舞3小时，每天跑2英里，为的是让自己看上去像真正的布鲁克林迪斯科舞王。同时，电影的服装设计师帕翠西娅·冯·布兰登斯汀（Patrizia von Brandenstein）也在考虑电影的审美问题。电影制作人必须表达出一种真实感，因此她跑到曼哈顿的夜店现场去寻找灵感。但是，她发现曼哈顿岛上的风格“太精致，太豪奢”，于是扩展范围，到夜店爱好者的经济地位更接近托尼·马内罗的地区去考察。她铭记于心的是,《周末夜狂热》是“一个少年们只为周六而活的故事。他们在日常生活中没有什么值得骄傲的东西，但在周六的夜晚他们是世界，是王子，所以他们把每一分钱都花在周六晚上的行头上。不光是他们的衣服和鞋，还有发型……还要让自己的牙齿干净洁白，甚至还会化非常非常淡的妆。女孩们也一样。因此，当我们接近这些社区时，灵感就来了。”

在布鲁克林区、斯塔滕岛（Staten Island）和皇后区的夜店外，冯·布兰登斯汀注意到男人们还在穿高水台鞋子，而在更前卫更高端的地方这鞋已经被潮流淘汰了。因为古巴跟鞋子一直是男舞蹈演员的传统行头，她便问屈伏塔是否愿意穿上试试看。“约翰一直是个很出色的舞者，也知道自己穿什么好看。因为此前他在百老汇做过演员，所以他对自己的身体有舞蹈演员的理解。于是当我跟他讨论高跟鞋时，他说：‘如果不妨碍跳舞我就穿。’他非常喜欢那些鞋，所有人都觉得那种鞋很棒，接下来一切就顺理成章了。约翰的腿相对他的身高来说有些短，但他的裤子都是高腰款式，其中一条腰线特别高。因此裤腿被裁剪得很修长，当他配上高跟鞋穿，看起来帅极了。当然了，因为他有很多跳舞的戏，所以焦点自然在脚上，而高水台鞋有助于让他的扮相抢眼。”她在第8街的鞋店买了高水台鞋，那里不是曼哈顿市区常规的鞋靴专营区。她也在城中其他鞋子专营店买了鞋：“34街有几间鞋店，42街也有几家。要知道我们谈的不是富乐绅（Florsheim）这样的鞋店，也不是艾伦·丘奇（Alan Church），我们说的是另一类男性（消费者）需要的。这些鞋子做工非常好，大多是在意大利或西班牙生产的，但是款式和颜色更适合稍年轻的男性。于是我们用了各种鞋托和鞋垫，在内部做出少量的增高，好让演员穿上能自如地跳舞。由于这些鞋需要有足够的弹性，所以我们换了鞋底，甚至还要保证鞋底不会磨损……地板是发光的，因此不能让黑色的痕迹落在上面。”（虽然服装部门已经考虑得面面俱到，这些鞋还是引起了一点麻烦。《周末夜狂热》在格劳曼中国剧院（Grauman's Chinese Theatre）首映后，比吉斯乐队的主唱巴里·吉布（Barry Gibb）告诉制片人，舞者的鞋跟敲击地面的声音在音轨中清楚可闻。他公正地指出，真实的迪斯科厅里音量巨大，人们不可能听见跳舞人脚发出的声音；更不用说他不想自己的音乐被压倒。声效编辑在后期制作中对声音作了重新调整）。

《周末夜狂热》开拍的时候，约翰·屈伏塔只有22岁。这个小伙子爱动脑子，举止彬彬有礼，谈及自己的表演时极度自负。他是家里6个孩子中最小的一个，也是他做戏剧教师的妈妈最宠爱的小家伙。在父母的祝福下，约翰16岁就离开家，去追梦演艺事业。他在百老汇待了段时间，就在电影《魔女嘉莉》（*Carrie*）中演了一个角色。这部由布莱恩·德·帕尔马（Brian de Palma）执导的恐怖片后来成为邪典类型片中的经典之作。他也在电视剧《欢迎回来，科特》（*Welcome Back, Kotter*）中扮演了维尼·巴巴利诺（Vinnie Barbarino），是个方兹[1]式的角色。他还出演了催人泪下的电视电影《无菌罩内的少年》（*The Boy in the Plastic Bubble*），在那部戏里他遇上了女友戴安娜·海兰德（Diana Hyland），海兰德在片中扮演约翰的妈妈，当时她40岁，他21岁。

约翰·屈伏塔穿上托尼·马内罗的鞋子时，已经小有名气。但是导演约翰·巴德汉姆（John Badham）并没有想到他的男主角会有巨大的明星影响力，他只是觉得，《周末夜狂热》发行的时候屈伏塔的魅力说不定是个法宝。孰料他的明星效应在拍摄期间完全是灾难，甚至在电影开拍前就已经有了迹象，如果任由约翰走上纽约的街头，那将面临挑战。据冯·布兰登斯汀回忆："在电影拍摄的消息发布以前，我们已经开始做准备工作，有一天我和约翰·屈伏塔去购物。我们在商店里待了45分钟，约翰试了几样东西，每一件都不错。这时我们突然发现外面围了一大群人。为了穿过街道回到车上，我们不得不打电话叫来辖区警察保驾，因为就在45分钟之内，外面就聚集了一大群半大小子们。"

那一大群半大小子是巴巴利诺的狂热粉丝，他们围过来就为看一眼他们热爱的偶像，在电影开拍后粉丝们的热情更是持续高涨。巴德汉姆和影片摄像拉尔夫·D.博德（Ralf D. Bode）想在贝瑞吉一带的86街拍摄片头那些镜头，给屈伏塔

1 Fonzie，是美国1974—1984年播出的著名情景喜剧《欢乐时光》（*Happy Days*）中的一个角色。他本来只是剧中的一个主要配角，但取得了意想不到的成功，以致于该剧专门围绕着他量身而做了许多剧集。由于这个角色在剧中的种种神奇幽默的表现，Fonzie成了cool的代名词。（译者注）

放的是《痛快活着》（*Stayin' Alive*）的录音小样，好让他的步伐跟上节奏。为了拍出真实的纽约，剧组专门印制了假的拍摄日程表，并安排在清晨拍摄所有的街景，因为剧组知道到了中午他们的拍摄地点就会泄露，若传到屈伏塔人数庞大的粉丝群那儿，将再次造成混乱。尽管剧组作了周密安排，但最终执行得并不顺利，倒不是因为大群《欢迎回来，科特》追星族的围观，而是因为一场悲剧让男主角不得不离开片场。《周末夜狂热》开拍不久，约翰·屈伏塔的女友戴安娜·海兰德即因乳腺癌不幸去世，他请假去参加葬礼，飞回加州的那个早晨正好是计划拍摄片头的时间。剧组想了个权宜之计，用替身演员完成了那一段著名的走在街头的镜头。由于整场戏中约翰的脸多数情况下不出镜，大家认为出于效率之故，完全能用另一个演员顶替。

有谣传言之凿凿说那段节奏感十足的趾高气扬的步伐并非来自约翰·屈伏塔，但帕翠西娅·冯·布兰登斯汀并不这样认为。那一段步伐屈伏塔排练了很多遍。剧组审替身演员演的样片时，“完全不是那么回事儿”。约翰回归后，剧组重新拍摄了《痛快活着》那段潇洒舞步，替身拍的素材被剪辑进了电影里。屈伏塔对有线电视台VH1说：“除了一个镜头，其余全都是我本人的表演，我对那个镜头并不满意。那个镜头不是我拍的，要拍的是橱窗里摆了只鞋，另一只鞋与它作比较，那家伙在比较鞋子的时候摇摇晃晃的。我火冒三丈，因为我本人决不会这样拍。”

那一刻有争议的摇晃在电影中出现不足一分钟。《周末夜狂热》的片头由三段镜头构成：映衬着纽约城市天际线的布鲁克林桥。接下来是一段航拍的布鲁克林区贝瑞吉景色，镜头又转成B线地铁列车在高架轨道上快速行驶。然后，《痛快活着》的乐声响起，特写镜头中商店橱窗里的两只鞋子，一只是靴筒高及小腿、装饰着花纹、有方形中跟的黑色靴子（标价47美元），另一只是传统乐福鞋，但鞋跟更高。一个男子，只看得见他膝盖以下的部位，走近了橱窗，他手中晃着一罐油漆桶。他停下来，抬起自己的左脚，脚上穿着一只相似的棕红色乐福鞋，靠近玻璃，与这只售卖的鞋比较着，跟着节奏摇摆着身体。

这是一个自我肯定的姿势：不是想承认对新鞋子的渴望，而是对已经拥有的那双的肯定，认同自己的鞋踏在人行道上时是多么惹火。镜头摇动着，片名以绳结状的红色字体出现在银幕上，看起来像挂在酒吧上方的霓虹灯。当我们的男主角沿着人行道踏着舞步走下去时，镜头一直对准了他的鞋子在跟拍。然后歌词唱出来了——从哥的脚步中就看得出来，大众情

1　穿上尖跟鞋不会走路的女人会被另一些女人视为可笑，因为她们不能驾驭高跟鞋这样特别的走路仪式；同理，男人不能拥有自己的高水台鞋，就不能获得穿它们的权利。帕翠西娅·冯·布兰登斯汀在为托尼的一些伙伴设计行头时，也时时考虑到这一点，特别是在设计鲍比·C（Bobby.C）的服装时。鲍比是小团体里最小、最软弱的孩子，有一场戏，他转过身背对镜头，而我们也看

人，不必多说——镜头向上摇摄过约翰·屈伏塔的身体，摇过他绷得紧紧的黑色喇叭裤，他的血红色宽领衬衫，最上面几个纽扣没扣，还有服帖地裹着他V字形身体的黑色皮夹克。白天马内罗是个蹩脚的五金店店员，但如同乔装的王室一样，他卑微的地位掩盖了其王者的身份。与衣着寒酸的王室不同的是，马内罗的衣着——他的招牌打扮——正是他卓越出色的第一个迹象[1]。终于，我们看见了托尼·马内罗的脸，粗犷又英俊、敏感又温柔。马内罗沿着86街走下去，他的酷劲儿变得清晰起来。他从一个拿着平铲的姑娘（由屈伏塔的姐姐扮演）那里买了两块比萨饼，把它们上下叠在一起，塞进嘴里。他毫不遮掩地打量女人，虽然她们都摆出凛然不可侵犯的样子，我们却不会认为马内罗追求女孩会碰壁。《周末夜狂热》片头的一系列镜头精妙地刻画出托尼·马内罗性格中的关键特质，大约13年后的1990年，马丁·斯科塞斯（Martin Scorsese）才用斯坦尼康摄像机拍摄出这种狗仔队式的镜头，在电影《好家伙》（*Goodfellas*）里描摹亨利·希尔（Henry Hill）必然的倒台之前的江湖地位。VH1《音乐背后》（*Behind the Music*）为影片做了一期节目，博德解释道：“我要摄像机位放得非常低，去拍他的脚，拍他擦得很亮的鞋子。我们在移动式摄影车上装了个设备，放了一台手提摄影机，装上广角镜头。这几乎是不假思

到他穿着松糕鞋摇摇晃晃，很不舒服的样子：“这个特别的场面，他走开了，你能看到他的鞋，这鞋在团体里被他穿得最笨拙最麻烦。男孩们都竭力模仿托尼·马内罗的时髦风格，因为他们认为他最了不起，当然还是最棒的舞者，这让他在特定圈子里成为君王，所以所有小子都想追随他。但对于这个年纪最小的孩子，鲍比的问题是他不适合这样的衣服，他还穿不进这样的鞋，当然鞋子看上去对他就显得很笨重。”鲍比想拷贝他朋友的徒劳预示了影片后半部他将过早地死去；他压抑，酗酒，又染上了毒品，当伙伴们在维拉萨诺大桥（Verrazano Bridge）上表演绝技时，他试图抢占上风，悲惨地跳入了水中。（作者注）

索就想到的主意。”通过集中表现马内罗的高水台鞋，让这双鞋在那段画面中显得如此特别，电影人在借用传统电影手法的同时又重新改造了它。屈伏塔是少数在银幕上得到“从脚看到头”待遇的男性（这种手法一般都用来刻画美丽的女人，尤其是蛇蝎美人）。这种手法在提升男性气概上也展示出同样强大的威力。即便用的是如此微小却不乏象征意义的表现方式，性别约定在20世纪70年代再次展现出惊人的可塑性，托尼·马内罗既是性的对象也是将性物化的人，他接近女人的时候是一个捕食者，同时也是城市里的劳动阶层、没有受过良好教育的被捕食者。

马内罗也是迪斯科舞厅里的至尊舞王，这个小伙子只要踏进舞池，就能反射性地让每一双眼睛转过来看他。有一场戏是两分多钟的独舞，舞蹈配乐是比吉斯的歌曲《你应该跳舞》（*You Should Be Dancing*），约翰练得忘了疲累。在这段独舞中，他扭臀，做出俄罗斯式的下蹲移步动作，还边旋转边劈叉，所有的舞蹈技巧都证明了托尼的价值：任何时候只要他愿意，舞厅就属于他一个人，他当之无愧。拍摄时需要准备一个灯光昏暗的迪斯科舞厅，舞美设计师就用铝箔纸和圣诞灯饰挂满墙壁。他们安装了影片中著名的灯光舞池地板，斥资15 000美元，是这场戏布景中最昂贵的道具。这场戏的场地，“2001太空漫游”舞厅的老板非常喜欢这个改进，甚至在拍摄结束以后还保留着所有的装饰。然而，在放映粗剪片子那天，约翰·屈伏塔骇然发现，幻彩荧光地板和他跳舞的脚都被剪掉了。他花了几个月时间减肥，更不用说流血、流汗、流泪，剪辑师却决定表现他个人时全部用特写镜头。这压垮了他。弗雷德·阿斯泰尔（Fred Astaire）在成为银幕歌舞喜剧片大师的征途上，签署表演合同时总会有一项条款，保证他所有的表演在电影镜头里都必须从头拍到脚，这样就不会有人质疑是别的什么人跳的舞。这个沉痛的打击让屈伏塔明白了阿斯泰尔为什么这么做。他崩溃了。

恰逢约翰又失去了挚爱的女友，情绪非常低落。于是，住在他中央公园西侧住所楼上的邻居，詹姆斯·泰勒（James Taylor）和卡莉·西蒙（Carly Simon），便在自家厨房里唱歌来安慰他。从现在剪出来的片子看，似乎他所有的努力都白费了。约翰无法接受这样的剪辑，他奋力抗争，坚持认为他的舞蹈片段应该在影片中复原。《周末夜狂热》制作团队的态度缓和后，他又用一整夜时间监督电影剪辑师，坚持要求他采用母带。他这样做是对的。宝琳·凯尔（Pauline Kael）在1977年12月某期《纽约客》上的评论文章中，热情洋溢地赞美了这个年轻的演员，说“他满怀激情，与舞蹈融为一体，让他无可争议地坐稳了青少年偶像之王的地位”。总之，她写道，那些舞蹈场面“是被拍进电影的……最美好的一些舞蹈”。

观众也被震撼了。正如托尼·马内罗的白色套装带动了一批模仿者，《周末夜狂热》重新燃起人们对迪斯科的兴趣——在1977年，迪斯科本来已经过气了。迪斯科诞生之际是地下娱乐，主要在同性恋群体中流行，1977年4月26日54号俱乐部的开张给它注射了一针强心剂，当年12月14日晚上《周末夜狂热》首映给它打了另一针。这部电影富有糖果店般的视觉效果，满是少女组合Huckapoo穿的花衬衫、紧身蜡笔色涤纶长裤、飘逸的印花连衣裙，还有金色、银色、铜色的高水台鞋，和科恩文章中描述的文森特的衣服如出一辙（“他有14件印花衬衫、5套西装、8双鞋、3件大衣，上过《美国舞台》（*American Bandstand*）节目）。有了迪斯科，美国终于找到一种不必与英国分享的文化运动：这股美国音乐潮流如此强劲，以至于围绕着它萌发出一股时尚潮流，并日渐发展壮大。迪斯科风格给了侯司顿功成名就的机会：侯司顿原名叫罗伊·侯司顿·弗洛维克（Roy Halston Frowick），爱荷华州人。1971年，他举办秋季时装秀时，从幕布里往外窥视，惊觉观众席上村姑装和嬉皮风首饰的时代已经过去。他做帽匠起家，曾为杰奎琳·肯尼迪设计了一款在1961年她丈夫就职典礼上戴过的小圆盒式礼帽，之后就不再在配饰设计上下功夫，但他坚持线条流畅、极简主义的设计观念，以此作为自己的风格。像很多20世纪60年代的设计师一样，侯司顿尝试过许多新材料，他用超鹿皮（Ultrasuede）设计了一款衬衫式连衣裙，爆得大名。超鹿皮是一种柔软得很像鹿皮的面料，但价格只有真皮的几分之一。到1977年54号俱乐部鼎盛的时期，侯司顿设计的衣服和他本人成了这间夜店的定海神针，他轮廓分明的脸是一道重要的布景。他给比安卡·贾格尔、丽莎·明丽妮（Liza Minnelli）和伊丽莎白·泰勒等名人客户设计时装，和朋友安迪·沃霍尔一起坐在后面，打量着舞池：他设计的颇为讨喜的打褶针织超长连衣裙、单肩晚礼服，还有让身体曲线毕露的夹金丝的卢勒克斯面料做的连身裤随着韵律摆动，松糕鞋被藏在衣服里，隐蔽地敲击着舞池。

侯司顿是新一代美国成衣设计师中的领军人物，这群设计师有比尔·布拉斯（Bill Blass）、卡尔文·克莱恩（Calvin Klein）、安妮·克莱恩（Anne Klein）和唐娜·凯伦（Donna Karan），都以好穿、优雅、适合女性体型的时装设计闻名。在20世纪70年代盛行的无节制文化中，鞋子的跟高到连《纽约时报》都发表了一篇文章呼吁“医生担忧脚部骨折”，警告“骨折综合征……新的时装病”。美国的时尚产业再次发生新的转型，变得更唾手可得，更民主化，毕竟54号俱乐部一类的夜店是特别为少数人服务的。1977年，杰罗姆·费舍尔（Jerome Fisher）和文森特·卡穆托（Vincent Camuto）注意到鞋子市场上质量低劣的批量产品和优质高端、做工精良但价格贵得离谱的名牌之间存在着市场空白，于是成立了费舍尔·卡穆托公司（Fisher Camuto Corporation），致力于大规模生产时髦的女鞋。为了让他们的产品价钱更低廉，他们与巴西的工厂合作，因为巴西的原材料更容易买到，劳动力也更便宜。这家公司第一年的销售额就达到900万美元，后来发展为玖熙（Nine West），成为鞋子中间市场的主导品牌。侯司顿同样感到了向触手可及的时装迈进的推动力，在1982年与大众市场零售商杰西潘尼（JCPenny）签约，推出价格低廉的服装线。侯司顿的倒戈行为遭到了非议：听说他的新动向以后，第一家销售侯司顿时装的高级百货公司波道夫·古德曼（Bergdorf Goodman），终止了与他的合作。

12

马诺洛、莫利和新强势鞋子

Manolo, Molloy, and the New Power Shoes

（1975—1982）

在马诺洛·布拉尼克（Manolo Blahnik）的名字家喻户晓之前，他只是个想象力丰富，在加纳利群岛的碧海和香蕉种植园里长大的男孩。他的妈妈非常时髦，激发出他对艺术最初的热爱。20世纪70年代初，在日内瓦完成文学和建筑科目的学业后，他穿上自己最体面的那套红白色格纹套装，带上自己的设计去拜见美国版《时尚》杂志的主编戴安娜·弗里兰（Diana Vreeland），而帕洛玛·毕加索[1]写的推荐信也让这位年轻人多了几分入行的希望。在一张张为《仲夏夜之梦》设计的舞美草图中，马诺洛也夹杂了一些趣味十足的时装配饰设计图。头发漆黑锃亮，穿着一丝不苟，有着突出法国人面貌特征的弗里兰肯定了他的设计，接着发表了自己的看法：

“我认为你不妨专心只做鞋子的设计。”这位传奇性的品位制造者告诉马诺洛。

马诺洛听从了建议，并找了份为伦敦一家时装店设计鞋履的工作。1972年，他拿到了第一个大单，为英国时装设计师奥西·克拉克（Ossie Clark）的春夏系列设计走秀鞋子。他全心投入，以新一季时装为灵感设计出两种色调的绿色高跟凉鞋，鞋带从脚踝处向上交叉缚在小腿上，垂坠着红色的塑料樱桃；还有一款是电光蓝色的露趾浅口无带鞋，有红色鞋带和高达7英寸的橡皮高跟。这位年轻的鞋履设计师明白自己喜欢什

1 Paloma Picasso，艺术大师毕加索的女儿，珠宝设计师。（译者注）

么，简直迫不及待要看到自己的设想变为真实。他觉得大块头的高水台鞋子既笨拙又厚重，而他力求做出让女人双足显得灵秀而不是粗笨的鞋子。他的运气不够好，对轻巧的探索让他一败涂地——在T台上，他设计的弹性鞋跟软乎乎的，又弯曲变形，以至于克拉克的模特都不能穿着走完秀。彻底的失败或许会让某些初出茅庐的设计师一蹶不振，但马诺洛却得出教训，他在技术上的经验尚不足以支持他实现创意。于是他离开伦敦，来到英国制鞋中心北汉普顿，学习制鞋工艺。不久，他就从奥西·克拉克事件的打击中重新振奋起来。1974年，外形英俊帅气的马诺洛登上了英国版《时尚》杂志的封面，1979年又在美国开了店面，并为比安卡·贾格尔设计了一双美轮美奂的金色凉鞋。她穿着这双凉鞋，骑了一匹白马走进54号俱乐部，庆祝她的30岁生日[1]。

图34→p84
“珊瑚项链”穆勒鞋。

图35→p84
“巴洛克”拖鞋。

马诺洛设计的鞋子尤其受到富裕、优雅女性群体的青睐，她们为求优质时装单品不惜一掷千金。马诺洛设计的经典款浅口鞋和凉鞋让他成了名，他首推的个人品位——性感、优美的鞋子，也经受住了潮流过往的考验（图34、35）。彼时夜生活的场景里充斥着高水台的松糕鞋，传统的浅口鞋反而因为经典的款式和威严的气质在日间生活中再次回潮。女士鞋款又一次需要变革了。女性在职场上发挥重要作用虽由来已久，但也不

1　Bianca Jagger，20世纪70年代美国著名演员，滚石乐队主唱米克·贾格尔的前妻。她1945年出生于尼加拉瓜，是时装设计师伊夫·圣·罗兰、艺术家安迪·沃霍尔的缪斯，被誉为20世纪70年代最美的时代面孔之一。1977年她的32岁（原文的30岁有误）生日派对上，当年最出名的纽约夜店54号俱乐部的老板之一斯蒂夫·鲁贝尔（Steve Rubell）送了她一匹白马作为生日礼物，之前鲁贝尔在杂志上看到比安卡在尼加拉瓜骑着白马的照片便起了此意。当白马被牵进54号俱乐部后，穿着红裙的比安卡震惊之余骑到了马背上。后来现场情况被传为“比安卡骑着白马走进54号俱乐部”，这张照片也屡屡被动物保护主义者们批评，比安卡为此多次辟谣。（译者注）

过是担任低级职位的护士、秘书等，或者协助医生、总裁的工作。自1972年至1985年，职业女性的人口增加了5%，但从事管理工作的女性数量几乎增加了一倍，从20%增加到36%；众所周知的玻璃天花板开始被打破，女性的职业出路不再是惯常所想的那样与拐角的独立办公室绝缘。

那些在公司等级阶梯上攀爬到高处的强势女性对马诺洛·布拉尼克、查尔斯·卓丹、沃尔特·斯泰格（Walter Steiger）等名字熟稔于心，她们为表现自己的权威愿意投资高品质的高跟鞋。新款的强势浅口高跟鞋并不是无性别的，却也没有挑衅刺激：它们让职场女性藏起了脚趾，常用最基本的材料比如磨砂皮制作，装饰物也减到最少；晚上穿的鞋子会采用发光的缎子等织物，再加上扣饰、钉饰、蝴蝶结等装饰。鞋跟的高度至关紧要，既不能太高也不能过低。女性高管们希望告诉人们，她们虽不愿为了胜出而掩盖女性特质，但也渴望得到重视。鞋跟让职场竞争变得公平，这样女性主管和男同事站在一起时，视线就可以平视。

时尚造型顾问约翰·T.莫利（John T. Molloy）是深谙职业装着装策略的个中高手，他也大力鼓吹经过精心搭配的办公室职业装。作为“美国衣橱规划师第一人”，莫利深信服装明确无误地传递出了穿着者的社会经济地位、职业状况等信号，也就此能够强化或削弱穿着者的影响力。莫利做过英语老师，他早年做过一个试验来支持自己的假设：挑出两款在美国市场上销售的男式风衣，它们都有流行的色调——米色和黑色，哪一款会暗示穿着者更重要？在高收入、中等收入、低收入社区的一些地铁站分别做了抽样调查后，莫利坚定不移地相信，米色风衣意味着穿着者是较高阶层的一员，而黑色风衣则让穿着者成了路人，因而降低了其身份。在这些调查试验中，除了风衣的颜色有米色和黑色的差异之外，莫利身穿完全一样的套装，随机前往某幢写字楼里各公司的前台，要求把一个牛皮纸文件袋送给公司主管："穿黑色风衣时，我花了一天半时间才能送出25个文件袋；穿米色风衣时，我能在一上午就送出同样多的文件袋。"

为多家知名公司做过服装顾问后，约翰·莫利于1975年出版了著作《穿出成功》（*Dress for Success*），上市即大获成功。他再接再厉，于1977年又推出《女性穿出成功》（*The Woman's Dress for Success*），向女性传授如何在极致女性化、职业化、过于男性化之间找到准确的定位。莫利写道："在1976年，毕业于美国顶尖商科学校的工商管理硕士中有1/3是女性。"然而，恰恰是这些女性偏偏不懂得如何让自己的外貌与她们想要热切实现的公司角色相适应。女秘书和女副总裁的区别不仅仅是各自的受教育程度、干劲、职业经验，更在于“整体包装”。莫利曾安排了与3位女高管的会面，这3位女性之前他都没有见过，只知道她们的姓氏。她们希望在一家餐馆的酒吧区会面，于是莫利就在那里等候。眼看时间一分一秒过去，他终于意识到，旁边桌子上坐着的3个女人正是他要约见的公司领导。

图36→p85
薇薇安·维斯特伍德设计的“恨天高”蟒蛇皮鞋。

莫利让“权力服装”一说流行了开来：为了达到在日常交流中传递出权威感的目的而特别挑选出来的服装。他建议女性穿定做的中性或深色系短裙套装；留干净利落的中长发型；化尽可能淡的妆，只用唇膏，睫毛膏轻轻刷一层即可；穿款式简洁、包住脚趾、鞋跟高一寸半的浅口皮鞋。不管男人还是女人，他都不建议赶时髦，他尤其刻薄批评了女人们脚上的鞋子，称有高防水台的“恨天高”是“自贞节带之后人类为女性制造的最为荒谬反常的东西”（图36、图37）。“恨天高”的目的不似安妮·霍尔[1]的男装女穿（莫利认为，男人觉得穿着男装的女人“很可爱，却无论如何都没有权威感”），而是要让自己在某类女人中显得鹤立鸡群——是那类男性同事会在酒吧里遇到的女人，而不是可以一起围坐在会议室桌子边的女人。

图37→p86
薇薇安·维斯特伍德设计出有隐藏水台的高跟鞋。

莫利建议职场上的女人应只在办公室环境中穿“制服”，让同事们把有权力的行为与有权力的服装联系起来。一组公司

1　Annie Hall，美国导演伍迪·艾伦在1977年自编自导自演的浪漫喜剧片，也是片中女主角的名字。她喜欢穿男装，电影大获成功后引起了女性穿男装的时尚潮流。（译者注）

女职员认真接受了他的建议，并起草了一份宣言:“在办公室里尽可能穿剪裁精良、深色、设计传统的短裙套装，但不会穿这样的服装去社交，并鼓励其他女人也这样着装。我这么做的目的是让女性的工作制服和男性的一样有效，这样好让她们能够更好地站在相同的立场上竞争。”（注意，这里不经意用了鞋子的隐喻。）最终，在女性管理人员中的这种规范化着装有助于树立起一个标准的职业女性“样貌”，于是到20世纪70年代中期，莫利这样的男人就能立刻在餐馆的满堂宾客中一眼找出和他约午餐见面的女性，或者分辨出谁是副总裁，谁是秘书。

自从有了细高跟鞋，高耸的鞋跟就成为表现地位的工具，不过到了20世纪70年代末、80年代初，另一种更摩登、更有风格的鞋子引起了关注：那就是橡胶底帆布鞋。这些年来，橡胶底帆布鞋的生产和设计迅速提高，生产商为鼓动消费者购买，开始大力宣传推广，效果之一便是商家将橡胶底帆布鞋改名为“运动鞋”。从历史上看，橡胶底帆布鞋的结构很简单，就是用数层结实的帆布做成鞋面，缝合在平的硬化橡胶鞋底上。为了尽力吸引运动型顾客——他们要保护脚和腿不受到运动伤害，还要提高在运动场上的成绩——近年来，橡胶底帆布鞋演变为轻便结实、高性能的工具。1972年，美国俄勒冈大学田径教练威廉·J.鲍尔曼（William J. Bowerman）和他带领的明星长跑运动员“雄鹿”菲尔·奈特（Phil “Buck” Knight）与日本运动鞋品牌虎牌（Tiger）失和，分道扬镳，开始自己设计运动鞋。鲍尔曼突发奇想，把一块橡胶底放在妻子的华夫饼机下加热，发明出著名的“华夫饼底”。这个软垫让脚部产生缓冲，并增加了摩擦力，从而实现了重大的突破。

耐克的品牌名来自希腊神话中胜利女神的名字。耐克运动鞋为跑步者造，由跑步者造，立刻在田径场上引起轰动。鲍尔曼和奈特请来大学里一位学艺术的学生设计品牌标志，她交上来一个钩子图案，极其精确地表达出品牌名和设计的意图。几乎是立刻，这对搭档就发现了在全美国范围内增长的对体育明星和健身的热情，这促使他们将原本只是在行业市场内所取得的欢迎发展为全方位的成功。为了开拓草根市场，一开始他们在小城镇中向田径场、健身馆里的本地运动明星示好，然后将产品品类从仅有的跑鞋拓展到篮球鞋，刚好这时NBA正投入巨资宣传自己的赛事品牌。继华夫鞋底之后，耐克又取得“气垫鞋”（Air）的专利。气垫鞋运用轻型泡沫材料和灌有增压气体的储气腔，可以提升运动性能和舒适性。突然之间，即便并不在意鞋子性能的非运动员消费者也不得不承认，橡胶底帆布鞋，或者说“运动鞋”所具有的舒适性，是别的鞋比不了的。

由于生产出了高科技运动鞋，耐克便不再是匡威（Converse）及科迪斯的直接竞争对手。后两个品牌在这场额外功能的装备竞赛中基本上败下阵来，转而紧紧抓住特定的顾客群，这个顾客群对竞技运动没什么兴趣，却对摇滚乐和休闲活动兴味十足。然而，还有两个德国品牌与耐克不相伯仲，并在美国有着牢固的群众基础。它们是阿迪达斯（Adidas）和彪马（Puma）。这两个品牌的创始人是达斯勒家互为对手的兄弟俩，昵称"阿迪"（Adi）的阿道夫·达斯勒（Adolf Dassler）和昵称"鲁迪"（Rudi）的鲁道夫·达斯勒（Rudolf Dassler），两个品牌的产品都面向足球运动员和跑步者。1926年，他们在家乡——巴伐利亚州小镇黑措根奥拉赫（Herzogenaurach）共同创办了一家手工鞋厂，但他们之间人尽皆知的宿怨经过多年发酵，终于在1940年爆发。鲁迪单飞成立彪马公司，阿迪重新将品牌命名为阿迪达斯。到20世纪50年代中期，达斯勒兄弟发现自己深陷到一场史诗般的战役中，必须要掌握最有效的技术才能赢得最有影响的代言人。鲁迪与德国国家足球队——这支球队在1954年赢回了世界杯——教练闹掰后，阿迪占了上风，让德国国家队穿上了阿迪达斯运动鞋。当耐克成为行业领军者崭露头角，当某家族渔业公司的老板保罗·费尔曼（Paul Fireman）在1977年的芝加哥运动品交易会上注意到英国一个名为锐步（Reebok）的运动鞋品牌时，上述商业模式已昭示了运动鞋行业的形势。

1980年，20世纪80年代的起始之年，纽约发生了一件事，与运动鞋有关，却再次强调了高跟鞋与社会地位之间的关系，这可并非仅仅事关时髦女士花数百美元让自己穿上一双精致昂贵的鞋那么简单。那一年的4月1日，交通工会（Transport Workers Union）的成员们举行罢工，导致对城市至关重要的地铁和公交车系统瘫痪。罢工的11天里，通勤族们不得不各自想办法去上班，住在纽约五大区的大多数居民只能步行穿过一座座桥进出城。这就给平日里习惯穿着高跟鞋搭乘公共交通工具上班的女性带来一个特殊的问题——她们脚上该穿什么鞋？有些人选择穿上运动鞋步行，在公文包里再塞一双低跟浅口皮鞋，还有午饭。这刻画出交通罢工时期的标准形象：职业女性穿着短裙套装、肉色长筒袜、白色运动鞋，疾步走在大街上。但是，在这些以自行车、小型摩托车、助力车、旱冰鞋替代地铁出行的勤劳的市民之外，还有一个阶层，罢工只是让他们有些小的烦恼，那就是在私家车和出租车的开销上又多了一笔预算。为了保证交通有序，当时的纽约市长郭德华（Edward Koch）强制实施严格的拼车规定，警察会在所有的进城入口检查小轿车，以确认每辆车是否至少有3名乘客。但是，在市区范围内行驶的车辆，从东到西、从北到南，一如既往，有钱人只需叫辆出租车或预约豪华礼宾车就能在早上9点把自己送到办公桌前，不会手忙脚乱，一切很简单。

那些租了车、心平气和等着交通罢工结束的女人无须穿运动鞋，无须像大多数女人那样辛苦过桥，穿越城市走路上班。不过，罢工谈判成功、公交系统恢复正常运营后，仍有很多女性继续穿运动鞋上下班，以减轻路途劳顿，如今这种装束也被社会所接受。但是仍有一个阶层的女性可以足蹬最高的高跟鞋，昂首阔步，根本用不着考虑交通、天气突变，因为出行往往就是一个电话叫一部黄色出租车的事，或者果断地把胳膊伸出去。这些女人穿的是“礼宾车鞋”，即便是无意识的，她们也通过脚上的鞋子含蓄地告诉旁人，她们不仅承担得起高规格的通勤工具，而且在脚有伤痛时能享受足疗和按摩；她们住在安保严密的高尚社区，在每月支付了房租或房贷之外还出得起请门房的钱。

1981年，曾在电影《油脂》（*Grease*）中扮演邻家女孩的奥莉维亚·纽顿-约翰（Olivia Newton-John）推出单曲《让身体说话吧》（*Physical*），音乐录影带中她装扮得好似健美操皇后，不过她在歌里唱的与此没有什么关系：“我带你到了

一家私密的餐馆 / 然后去看了场挑逗的电影 / 没有什么要说的了 / 除非我们平躺下来……让身体说话吧！”突然之间，一个女人有了男人般的自信，如果她碰巧发现自己热辣辣、有魅惑力，呃……完全可以套上紧身连衣裤，扮出一副诱惑的样子，下定决心得到她想要的东西。

金钱是20世纪80年代的驱动力，最具有时代意义的是，女性在不依赖父亲或丈夫帮助的情况下，也搭上了金钱快车。简而言之，20世纪80年代是一个追求个人主义、无节制、贪婪的时代，在这个转折点上，资本主义从一种经济体系转变成一种涵盖了方方面面的价值观，“兼并和收购”更成为美国人词典里的热词。职场上的女人们开始意识到她们的外表也能讲故事，同时运动鞋制造商也注意到女性希望她们的生活可以突破常规，因此希望鞋子也能发生变化。保罗·费尔曼买下锐步后，把公司总部从英国搬到了美国马萨诸塞州，但仍保留了米字旗图案的商标，志在与耐克一拼高低。看起来似乎是痴人说梦，其实那时锐步的总裁察觉到了一块尚未被发掘的市场：热爱运动的女性。“生活不是旁观者的运动。”锐步运动鞋这样告诉你我。我们也言听计从。

13

心动不如行动，全民健身潮

The Workout Is Not a Spectator Sport

（1982—1988）

1982年3月17日，星期三：加利福尼亚州，洛杉矶

到44岁的年龄，简·方达早已经习惯了在大庭广众之下演讲。这位女演员已经出演过30部电影，拿了两个奥斯卡小金人，说得好听点，也曾在越南战争停战问题上仗义执言。不过，今天的新闻发布会与她的演艺事业无关，明摆着也不涉及她四处宣讲的政治观点。在贝弗利山的观众面前，方达自信地准备宣布她最新的事业冒险：向家庭录像带领域进军。

方达美貌依然，只是更瘦削，如今她俨然是健康和健身的形象代言人，因为两年前她开设了“简·方达健身中心”（Workout）。健身中心位于洛杉矶，开设有舞蹈、伸展拉伸、有氧运动等课程，那些都是训练柔韧度和耐力的新潮运动法。方达的健身中心只有区区3间镶着镜子的健身房和一间不大的更衣室，她和教练们称之为“非常草根”。就是在这样的地方，学员们以各种惊人的方式运动、弯折，疯狂地向身体挑战，从而让自己感到满足。1981年，方达出版了《简·方达的健美操》（*Jane Fonda's Workout Book*）一书，没有人会想到它竟然能冲上《纽约时报》畅销书排行榜的榜首，并保持了24个月的纪录。斯图尔特·卡尔（Stuart Karl）以其先见之明意识到

家庭录像系统的潜力，成为开拓家用录像带生产市场版图的先驱，某天，他给方达打来了电话。

“我妻子黛比看了你的书，认为我们应该把它做成录像带。”卡尔对方达说。

方达满腹狐疑，谢绝了卡尔的好意。她连录像机都没有，更重要的是，她是一位严肃认真的、获过大奖的女演员，不能允许自己穿着腿套和紧身体操服在镜头前蹦蹦跳跳。虽然建议被方达否决，但卡尔并没有气馁。他的提议有可取之处——简·方达的书如果只是用静态的照片来图解健美操的步骤，怎么能最大限度地打动洛杉矶以外的读者，向她们演示怎么做有氧操？最终，方达被说服了。她有了个主意……

1982年3月17日，方达在加州召开了一个新闻发布会，宣布方达职业生涯的最新进展：成为健身操大师——她是发行了23盒系列录像带，让全美女性“跟着简来做操”的第一人。《简·方达的健美操》把方达在健身房做的运动带到了观众的家里。在录像带里，这位女演员身穿粉红与红色相间、像彩色条纹棒棒糖似的紧身体操服，搭配着丁香色腿套，棕色的头发打着小卷，显得朝气蓬勃；她身后跟着一队身手灵活、生气勃勃的教练，伴随着电子流行乐的节奏，既给初学者也给健身行业的高级从业者授课。一位记者举起了手。

“你为什么想拍录像带？”他问。

“为了钱。”方达回答。

某种程度上她是开玩笑。据说，简·方达并非预见到了将会发生健身革命，她打算从事的革命更政治化，正如“革命”的字面意思，实际上她最当务之急的事，是帮助第二任丈夫、政治家汤姆·海登（Tom Hayden）当选加州议会第44区的民主党议员。1976年，海登竞选美国参议员失败，随后他发起了经济民主运动（Campaign for Economic Democracy）：这是一个自由主义色彩的组织，通过支持强硬的环境政策、承租人的权利、工会，以及生殖健康等问题，向公司霸权发起挑战。到20世纪70年代末期，经济民主运动已有30个分部，成员超过8 000人，已帮助过“几十个人被选入政府机构”，因此被右翼批评者称为“有社会主义倾向”。第44区很富裕，包括西洛杉矶、马里布、圣塔莫尼卡——当时，简·方达、汤姆·海登、方达的女儿凡妮莎·瓦迪姆（Vanessa Vadim），还有海登与方达新生的儿子特洛伊·格雷提（Troy Garity）[1]住在这里。这对充满自由主义精神的夫妻预见到在里根主义的保守派支持者与民主党之间将发生一场涉及政治灵魂的斗争，这场斗争将对国家现状形成挑战。

1966年至1978年之间，简·方达经历了一次备受关注的

1　Garity是特洛伊祖母，即汤姆·海登母亲的姓氏，用这个姓可以让他保持相对低调。（作者注）

转型。芭芭丽娜不仅脱下了时髦的长靴，为出演《柳巷芳草》（*Klute*）还剪掉自己标志性的金发，换之以一头蓬松的黑色短发。电影评论家们都很喜欢新方达。1971年，她因在《柳巷芳草》中成功塑造了应召女郎布丽·丹尼尔（Bree Daniels），拿到了奥斯卡最佳女主角奖。但是，那些把她的照片贴在更衣柜门上的男孩们可不这么想。（“她一定不想再照镜子。”记者威廉·F.巴克利（William F. Buckley）讽刺道，公众已经习惯了以前的性感小猫穿着厚呢短大衣、军靴，素颜在城里到处晃。）她与法国导演罗杰·瓦迪姆的婚姻走到了尽头，当她投身外交政策和女权运动时，她率直坦白的反战论调为她赢得了一个不那么好听的绰号“河内的简”（Hanoi Jane）。这时候，她和汤姆·海登结了婚，政治理想进一步得到激发，成为经济民主运动的积极分子。她把自己的脸蛋、声音、支票本悉数献给事业，但政治活动花费惊人，在经济衰退的20世纪70年代晚期，汤姆和简不由得忧心忡忡，思虑着如何把经济民主运动继续支撑下去。这时，他们发现了一篇关于国家劳工委员会（National Caucus of Labor Committees）创建人林登·拉罗奇（Lyndon LaRouche）的文章。他们读到拉罗奇靠他利润丰厚的计算机企业赚到的钱为自己的组织提供资金，突然，夫妻俩脑洞大开，想出一个主意，他们也能创办企业，专门用来保持他们的政治热情。他们四处寻觅转手的餐馆，也考虑过开一家有档次的汽车销售商店，一旦他们意识到自己对这两个行业都一窍不通，就偃旗息鼓了。1979年，由于方达去拍摄电影《中国综合征》（*The China Syndrome*），寻找项目一事暂时搁浅。在片场，她的脚骨折了。

当然，方达没有料到一次受伤竟会引发一场革命。她从小就养成了练芭蕾保持身材的习惯，骨折让她无法从事任何会给足部带来太多压力的训练。由于一直靠跳舞来保证身心处于良好状态，骨折令她颇为担心。她的继母推荐她去吉尔达·马克斯（Gilda Marx）开在世纪城购物中心里的健身房上训练课，在班上，一位三十多岁名叫蕾尼·卡兹登（Leni Cazden）的教练带领学员们做一套重复运动，目的是强健肌肉，同时提高心率。尽管卡兹登的训练动作来源于芭蕾舞，但她却用了流行乐而不是古典音乐作为背景音乐。这不仅深深吸引了方达，还让她相信自己发现了未来的商机。于是她邀请蕾尼做她的合伙人。

这对搭档并没有合作太久，方达希望由经济民主运动持有自己的健身中心，于是事情就变得复杂了。方达把健身中心的房子租了出去，着手从舞蹈界找人组建教练团队；而卡兹登和她的丈夫离开了健身中心，开始环球旅行。出现在1982年版《健美操》录像带中的多琳·里维拉（Doreen Rivera），和简·方达结识于1978年，随后她们共同的一位朋友把这个工作推荐给了她。方达已经招到了教爵士舞、芭蕾舞的老师，当然还有有氧运动的教练，但是她还想增加一些比较边缘的、街头感的内容，于是邀请多琳加入进来，一起讨论授课时使用放克音乐[1]的可行性。她对健身房的这位出色教练说：

"如果你能教会我跳舞，你就被录用了。"

尽管方达一直在跳芭蕾，一直坚持把杆练习，但这很静态，相比让步子动起来的舞蹈，它不需要太多协调性。尽管方达声明她有两只左脚，但多琳还是在几分钟内就教会了她娴熟地跳摇摆舞（当时流行的一种舞步）。多琳得到了这份工作，1979年，健身房在罗伯逊大道（Robertson Boulevard）开业了。教练们是一群充满热情的年轻舞蹈演员，他们视方达为无所畏惧的领袖、某种意义上的精神导师，而非什么名人。

他们一边学习，一边成长，以身作则，互相鼓励。"这就好像一个女人被告知她做的意大利面条酱汁特别香，于是从某一天起她制作了很多酱汁，拿到她家厨房外出售。"曾任健身房有氧运动教练的莱斯莉·马尔格雷夫（Lasley Mallgrave）回忆道，健身房位于贝弗利山的第一家店，开业前她就加入进来了。伸展运动是瑜伽的一个变种，也是多琳·里维拉想增加的课程。和方达第一次会面时，她就向方达大力推荐这种运动。被聘用

1 funk，从爵士乐和布鲁斯发展而来的泛摇滚音乐风格，是美国黑人舞蹈文化的一种。（译者注）

后，她将伸展运动融入放克舞中。当里维拉开始按照自己的方式带学员后——小班最多有35人，大班人数达55人——她注意到发生了一些不寻常的事情。“学员们会在下课后跑来跟我说：上这样的课真正的收获是什么？我就回答说，好吧，你们想体验到什么？他们会说，希望有深刻的情感体验。所有正在做伸展训练的学员都希望在课上变得富有表达力……我会让他们在课上哭，让他们暴怒，这样健身房成了每个上课学员的庇护所。”

虽然有氧健身课不太直接触及心灵，但健身房的教练们注意到，在下定决心减肥的女人中出现了明显的转变。很多时候，即便是做出一些需要让自己面临巨大挑战的决定，都会让她们振奋。莱斯莉·马尔格雷夫说：“（简·方达的健身房）不是孤例，好比你现在去洛杉矶的某家‘紧要健身房’（Crunch Fitness），会看到里面的每个人都在疯狂健身。其中有很多情感因素……你会接触到这样一些女人，她们从来没有练过健身，高中毕业后按部就班去上社区学院，然后当全职妈妈，她们下决心买了一套紧身服走进健身馆，着实会被吓一跳，因为那地方修得就像个舞蹈教室，四面墙上都是镜子。”最终，女人们都学会了注视，乃至接受自己的身体。一群学员汗流浃背，伴随着快节奏的热门音乐，动作整齐地学习并掌握了整套健美操，虽然健身成果属于个人，但健身课让人感到惬意和志同道合。马尔格雷夫注意到，上完健身房的一系列课程后，“女学员们在生活中开始敢冒险了，因为她们进了健身房，熟练跳健美操也变成简单的事，她们会想，喔！我能到这儿来做成这件事，那么说不定我也能去那儿试试别的事。这是非同寻常的变化。”开始，简·方达还代一些早班课，下课后她再赶去片场，偶尔她会坐在某位教练的课堂上，或者干脆换自己上课，给学员们一个惊喜。而学员们慢慢地对很多名人来到她们中间一起上课也见怪不怪了。唱《幸运星》(*Lucky Star*)、穿皮革和蕾丝时期的麦当娜，正是健身房的常客。马尔格雷夫猜测，方达不断在健身房露面“是给了别的明星一个信号，意思是来这儿很棒，就到这儿来吧，把你们的大腿肌肉练得更紧”。

很快，之前从未踏足过健身房的女人们——还有一些男人，发现自己被方达的爵士舞、芭蕾舞、有氧操、拉伸运动等课程所激励了。到1982年，她通过授权特许经营，在旧金山和洛杉矶恩西诺区（Encino）新增开两家健身房。通过销售健身课和书籍，每个月她向CED注入资金约3万美元。“我从汤姆·海登联想到卡尔·马克思，”理查德·伯克（Richard Bock）对《纽约时报》的记者说。他是加州的一位投资银行家，和海登是共和党候选人的竞选对手。“就像马克思那样，他把成年后的生活投入思考问题之中，并想为我们所有人创造另一种全新的生活方式，不管我们是不是想要它。马克思得到了弗里德里希·恩格斯的支持；海登靠的是老婆。”

健身教练们每人发了双白色锐步自由式（Freestyle）运动鞋，这是品牌免费赠送的新款有氧运动鞋样品，而当时健身房的教练几乎都赤着脚教课。马尔格雷夫还记得“那真是天大的惊喜，那些鞋竟然是用来跳操的……而且我们白得到它们，实在太兴奋了”。由于从事的是一项新兴产业，方达没可能提供太高的薪水，因此她的员工们没有往植入广告方面想——在20世纪80年代早期，品牌尚没有如今天这样有组织地实施市场推广策略——更多的是觉得自己运气好，得到了一双新款的皮质运动鞋。确实如此，在简和她的教练们于1982年拍摄的录像带里，他们都光着脚；到了1985年，《简·方达的新健美操》（*Jane Fonda's New Workout*）上市，教练们在演示屈膝下蹲和高抬腿时，已经配合运动穿上了系带的锐步鞋。锐步鞋火了，而它只不过找准了一队合适的人马，喂了他们一点点残羹冷炙。

马克思预言的革命会在欧洲的血腥工厂爆发，简·方达则在洛杉矶棕榈树成行的街道上掀起了健身革命。方达的健身房逐渐取得反响，她的书和盒式录像带销量迅猛增长，从一开始就介入其中的教练们也开始注意到健身房出现了一些不那么明显的变化。一车一车的日本游客会来亲眼看看方达本人；尽管最初的计划是继续开新店，但是方达的新任经理朱丽·拉方（Julie LaFond）仍建议她关掉在旧金山和恩西诺的两家分店，全力以赴发展简·方达品牌真正赚钱的主线产品：书和录像带。它们分别售价18.95美元和59.95美元，在当时这个价格令人瞠目。人们常常看到方达健身房的拥趸们脚上穿着一双白色、低帮的锐步自由式运动鞋——它是1982年面世的第一款专门针对女性消费者的运动鞋——去健身或者健完身离开。破天荒地，“你在洛杉矶开始看到有人穿着运动装走在街上去做运动，”莱斯莉·马尔格雷夫回忆，在20世纪80年代初这样做非同寻常，“这就好比你绝不可能穿着健身的鞋去商店。”

在运动鞋霸主争夺赛上，耐克一直雄霸天下，到了1984年，公司财报说收入下降29%，这是10年内的第一次业绩下滑。1985年的头两个季度，耐克首次出现了亏损，在看过了这些更严峻的新闻后，奈特仍对《纽约时报》的记者安德鲁·波拉克（Andrew Pollack）如是说：“奥维尔说对了：1984年，是个严峻的年头。”真实的情况是，20世纪80年代早期的消费者已经将他们对运动鞋的忠诚转移给了另一个品牌，这个品牌很有先见之明，已经预见到以女性为主要参与者的健身课程，比如方达健美操和爵士舞健身操（Jazzercise）——另一个发源于南加州、以摇摆舞为特色的健身品牌——将风靡天下，这也暗示在运动鞋市场上存在巨大的空白。篮球运动员有运动鞋，玩滑板的人也有专属的鞋，但没人为女性或女子运动设计专门的运动鞋。锐步自由式运动鞋号称增加了“中底减震缓冲气垫和侧向稳定性功能”，最初是按有氧运动鞋来做的，可以吸收弹跳、原地跑，以及左右跳产生的压力。

至少，这正是锐步想让女性消费者相信的东西，因此忠诚于锐步的女性消费者越来越多。早在1983年初，怀疑论者便质疑，做有氧健身操是否真的需要专门制作的一双鞋？还是说运动鞋制造商，比如飞速跳上有氧健身操快车的锐步、新百伦（New Balance）、阿迪达斯，已经独辟蹊径开发出一种新的需求？《芝加哥论坛报》（*Chicago Tribune*）的一篇文章采访了足科医生，他们在这个问题上观点迥然不同：佛罗里达的杰弗里·里斯（Jeffrey Liss）对记者说，有氧运动鞋“就是个骗人的玩意儿”，而“跑步鞋出现的时间更久，更适合做有氧运动，因为它的设计更复杂精妙”。同样来自佛罗里达的斯图尔特·利兹（Stuart Leeds）却对报纸说，“有氧舞蹈或许比人们想象的更激烈”，因此“有氧运动鞋比跑步鞋……侧面更宽，稳定性更好。制作跑步鞋首先是为了向前跑，不用考虑有氧运动常采用的从左到右的运动”。无论孰是孰非，运动鞋公司已经开始正式设计有氧运动鞋，这些鞋或许能如他们所宣称的那样，可以保护女性的膝盖、胫骨、双脚，并且这些品牌还建立起一套精密同时高效的销售体系。几十年来，评判大多数女士鞋价值高低用的词是“时髦”，只有特定的、第二级市场的鞋子，比如雨鞋，才会首要考虑其功能性。以高跟鞋为例，它完全不实用，所以女人们对高跟鞋的理解更抽象：它很性感，因此它有助于女人吸引男人的注意力；它的鞋跟很高，由此赋予了穿着者更多的权威。锐步公司最初给自由式运动鞋选择了中性的外观——白色鞋子配白色鞋带，旨在捍卫其功能性，这是运动鞋公司处理男运动鞋的做法，因为男运动鞋的目标用户是一个具有高度针对性的购买群体。锐步通过与健身运动保持同步，使自己的鞋成为健身运动必不可少的装备，从而将纯粹的功能演变成一种时尚，而不是相反[1]。

锐步自由式运动鞋大为流行，到20世纪80年代中期，锐步宣布这款鞋已经占了全公司整体销量的一半。随着最早的白色低帮款式变得满大街都是，它也出现了变化，推出了带两条魔术贴绑带的白色高腰款，并且高腰款和低帮款都有了彩虹般绚丽的色彩。一种真正的运动潮流诞生了。1987年，英国《卫

1 FitFlop和锐步EasyTone鞋款，都鼓吹只需在走路时穿着它们就能让女人更苗条、体格更健美，采用的仍然是相同的市场推广路线。（作者注）

报》(*Guardian*)报道称:"锐步鞋已经彻底成为美国鞋的标志,在英国,它们出现在雅皮士咖啡馆和有氧健身房的概率一样高。"小偷撬开特蕾西·泰瑞尔(Trace Tyrell)健身房的柜子,偷走了她的自由式运动鞋,这位15岁的女孩"又买了一双"。她对《洛杉矶时报》说,因为自由式不仅是超级棒的运动鞋,还"能用它搭配套装,看起来超有型"。在连续剧《蓝色月光》(*Moonlighting*)热播那段时间,主演斯碧尔·谢泼德(Cybill Shepherd)对自己遭到的批评颇为困惑,据说她犯了时尚大忌:1985年她参加艾美奖颁奖典礼,穿黑色礼服时搭配的却是一双带荧光的橘红色自由式运动鞋。2009年,她对《人物》杂志说:"每个人都跑来讲,'不行,斯碧尔,不能这么穿!'但我觉得一半的女人都羡慕嫉妒。她们的内心特别分裂,为此又出离愤怒。"锐步运动鞋的流行在金融市场上也得到了充分的体现:1985年锐步公开上市,股票迅速大涨,以至于卖空者预测它将会暴跌。

锐步在20世纪80年代还不过是一个价值仅100万美元的公司,到1986年就迅速膨胀为8亿美元的庞然大物。有预测说锐步看上去先平稳发展,接下来就会急剧下跌,事实上,如果单纯以盛极必衰的规律而论,这样的预测并非没有事实根据。但是,情况并不简单:旧金山的一位投资银行家称"耐克卷土重来”，言下之意是锐步作为运动鞋领跑者的好日子屈指可数了，因为它的成功几乎全赖于自由式运动鞋的流行，而这款鞋只意味着有氧运动。即便人们开始在健身房之外的很多场所，比如好莱坞的红地毯，穿上了自由式运动鞋，但是这款鞋的声望至少部分建立在有氧运动潮流始终强劲不衰之上——“潮流”，它虽是个朝生暮死的概念，却起到了关键的作用。如果健身操退出流行，健康意识也不再时髦，那么这种与生活方式画上了等号的服饰就会遭到与头带、护腿同样的命运。不过至少表面上看来，锐步尚走在前沿。1986年，《华尔街日报》发表了一篇名为《锐步：炙手可热的秘密不只是有氧运动》（*Reebok*：*Keeping a Name Hot Requires More Than Aerobics*）的文章，文章中，这家企业巨头让怀疑论者了解到，他们只在高端零售店出售自由式鞋，绝不会过度倾销，因此仍然会保持其高档的特性。到1987年，锐步和耐克双双希望走出困境，他们找到了新的、与进行有氧运动互补的人群：步行者。锐步推出尼龙和皮革制成的Pro Fitness Walkers鞋款，售价45.95美元；耐克也有针对性地在7月推出真皮质地的Air-walker鞋款，售价49.95美元。两家公司都打算借一股东风，那就是运动鞋发烧友已经把耐克和锐步鞋穿上了街头——如果自由式和其他特别鞋款的销量成了这一标志——他们也愿意买不同功能的运动鞋以用于不同的运动。足部医学的证据也再一次被提了出来:“就冲击力而言，走路比跑步受到的冲击力要轻，走路时还会采用更多的倾侧运动，有利于足部运用其令人震惊的柔韧性。”《华盛顿邮报》在头版的一篇报道中如此说。

20世纪80年代快结束了，到1989年，耐克如预期的那样，靠着耗费巨资的“Just Do It”广告阵势慢慢超越了锐步。这个广告请来尽人皆知的运动员们出演，有博·杰克逊（Bo Jackson）、约翰·麦肯罗（John McEnroe），当然，还有迈克尔·乔丹（Michael Jordan），后者通过他完美且雄性荷尔蒙爆棚的个人品牌为110美元一双的Air Jordan运动鞋做了个托儿。一时间，锐步落了下风，但是它和耐克，以及阿迪达斯、新百伦、拉盖尔（L.A.Gear）等大卖的品牌最终仍然赢得了这场战役。“20年前，美国人均拥有的运动鞋甚至不到一双，还是那种廉价的、全能型橡胶底运动鞋。如今，人均拥有两三双。”伯尼斯·坎纳（Bernice Kanner）在1989年《纽约》杂志中的一篇报道中写道。在20世纪80年代，消费者已经完全能够接受“昂贵的名牌‘运动鞋’——有的带‘空气吸震系统’，是塑型脚踝领，有‘外延支架’鞋底[1]和可调节的固定支撑带”。运动鞋市场一派繁荣，同时消费者要求运动鞋的设计更富技术含量、外观更时髦超前，能够充分地帮助他们实现锻炼目标，

1 即鞋的外底额有凸出的部分，以提供稳定保护，避免脚踝扭伤，且在剧烈运动中提供较强的承托能力。（译者注）

并保护身体、增强体能，这已经成为不可逆转的潮流。

有氧运动潮流改变了某些成见，比如人们对“吸引力”的定义。在电影《太空英雌芭芭丽娜》中，简·方达曲线玲珑，比基尼的高开衩设计更显得她臀翘腿长。影片上映16年后，《时代》周刊引用了某位匿名男影迷的话，他形容方达在《金色池塘》一片中呈现出来的棕色皮肤、健美体型“像块木头……你根本不想摸她，你只想用砂纸把她打磨光滑”。改变观念需要时间，随着健康和健美的身材深入人心，女人味十足、波提切利油画人物风格的身材让位于肌肉更紧致、轮廓更纤瘦的体型。肌肉不再只属于男人。同时，自我为先、“贪婪是个好东西”的价值观侵入商业界，20世纪80年代的男人和女人同样开始重申，“自我”为其优先考虑的第一要义，他们会忙里偷闲去锻炼健身，只是因为他们喜欢健身带来的效果。特别是那些妈妈们，在成长中形成了“家庭和孩子应该是我们首要关心的问题”这一意识，甚是喜闻乐见每天抽出30至60分钟（从初学者到高阶健身者各自所需的时间）“成为简”并没有拖她们照顾家庭、养育孩子的后腿。对那些在公司担任高层的女人来说，一副活力四射的身段则更是一种宣言。身材保持得好，传递给他人的信息是你有自制力，你重视自己，珍视自己的时间。

更重要的或许是，在女性公司高管尚为小说形象的旧时代，人们习惯上总认为身材苗条的女人不像曲线毕露的女人那么性感、物质。拥有一个女性化的身体在职场上总是不利的，戈登·盖柯[1]就不愿与做了妈妈的人共事。

高收入女性有的是时间在下班后尝试时尚风格的实验，出手阔绰购买形形色色极富女性风情和性感的衣物，那是她们在工作时间有意识忽略的玩意儿。鉴于“金钱和钱能买来一切”在流行文化上被人崇尚，所以炫耀夺目、昂贵不菲的名牌又重新受到关注也就不令人吃惊了。霍莉·布吕巴赫（Holly Brubach）在1988年为《纽约客》撰写的一篇报道中说：“高级定制时装扳回局面，重新杀将回来。”买得起高级时装的有钱顾客再一次激发出了炫耀的热情，连带着炫耀的还有她们挥洒汗水塑造出来的玲珑有致的身材。这就导致服装设计以身材和品牌为重，再挂一个数字高企的价签，从方方面面激发出女人的虚荣感。阿兹丁·阿莱亚（Azzedine Alaïa）被时尚媒体冠名为“紧身王”，因为他酷爱用莱卡等化纤面料来制作紧贴合身、一览无余到难以让人产生遐想的衣裙；而卡尔·拉格斐（Karl Lagerfeld）的法国弟子哈维·莱格（Hervé Léger）在1985年创立了个人同名品牌荷芙妮格，他在1989年用极富立体感的面料——这种面料往往拿来做裙装的内部

1 Gordon Gekko，电影《华尔街》中的角色，为金融大鳄。（译者注）

支撑——设计出类似紧身胸衣构造的“绷带裙”，从而声名远扬；还有让·保罗·高缇耶（Jean Paul Gaultier）为麦当娜设计的锥形胸罩，掀起内衣外穿的热潮，并且让这种穿法变得正大光明起来。

紧如皮肤的衣服就这样风靡起来，不免令人诧异；此外也感谢人们对运动鞋的普遍接受，这让典型的从头武装到脚，以高跟鞋垫底的装束发生了戏剧性的变化。突然地，穿裙子搭配一双不能拉长双腿或让脚显得秀气的鞋，也不再被视为怪异或者老土了。当这个世界习惯了女人穿着锐步自由式或其他某款高性能运动鞋出街，女人鞋柜的门也向其他“不为讨好他人”、只为自己舒适和风格的鞋子敞开了。从灰姑娘辛迪瑞拉和她那双纤瘦小脚的童话故事中解脱出来后，越来越多女性给双脚套上运动鞋或者短靴，坚信女人味十足的服装与胖乎乎、带有男性气概的鞋子这一不寻常的搭配，正是她们发出的一份重要但仍然被社会所认可的宣言，也将她们置于主流与边缘之间的某个位置。

14

酷孩子三部曲：范斯、查克泰勒、马丁医生

The Cool Kid Trinity: Vans, Chuck Taylors, and Doc Martens

（1982—1994）

20世纪80年代流行的鞋并非每一双都带着贪婪的本性或锐意进取的劲头。范斯的黑白棋盘格图案无鞋带滑板鞋是那10年里最有辨识度的鞋子，这要归功于1982年的青春片《开放的美国学府》（*Fast Times at Ridgemont High*）和片中那个吸大麻、浑浑噩噩的角色杰夫·斯皮考利（Jeff Spicoli），他的扮演者是青春正当年、星运冉冉上升的演员肖恩·潘（Sean Penn）。斯皮考利虽然常常犯二，但挺可爱，“打三年级起就嗑药，成天浑浑噩噩”，他会叫个意大利辣肉肠比萨外卖，让送到他的历史课堂上；他此生别无多求，只需要“漂亮的海浪，很酷的大麻”足矣。迷迷瞪瞪的他很招人喜欢，十几岁的观众争相模仿他懒洋洋的南加州穿衣风格，尤其渴望有双他在片中一直穿的黑白棋盘格图案滑板鞋。

《开放的美国学府》让范斯鞋在流行文化中留下了一个瞬间。由于这个品牌在南加州有一众忠实的追随者，品牌所有人范·多伦家族注意到买了范斯滑板鞋的年轻人喜欢改动一番，自己动手给白色的鞋底画上黑白棋盘格图案。作为商业应对，范斯开始生产厚橡胶底、印有棋盘格的鞋，最后固定采用黑白格相间的帆布。这款鞋在艾米·海克林（Amy Heckerling）导演的高中喜剧片里亮过相后，品牌创始人保罗·范·多伦的儿子斯蒂夫·范·多伦（Steve Van Doren）赞扬了范斯的品牌公关贝蒂·米歇尔（Betty Mitchell）女士，但直到2009年，米歇尔年届92岁高龄之际，斯蒂夫才知道其中的来龙去脉。“贝蒂可能听说了要拍这些电影，她就带着鞋子来到片场，把鞋子留下来。我常常想起贝蒂留在环球电影公司片场（《开放的美国学府》就是在这儿拍的）的第一双鞋子，但她却对我说实际上是肖恩·潘进了我们在圣塔莫尼卡的店（是他自己来的），买了一双鞋。”据范·多伦说，在和《开放的美国学府》剧组的服装部门商量给斯皮考利搭配服装时，肖恩·潘说：“嘿，阿纳海姆（Anaheim）有家店很酷，我在那儿买了棋盘格滑板鞋，它们真的太酷了。”然后环球公司联系到范斯，贝蒂·米歇尔便给服装部门送了一些鞋。《开放的美国学府》上映后成了一部小众电影，对范斯公司而言它始终保持着特殊的、不可磨灭的广告宣传片地位：杰夫·斯皮考利醉醺醺地给他的冲浪伙伴打电话时，用棋盘格图案的滑板鞋给自己脑袋敲了一记，在他的膝盖上，醒目地摆着一个范斯鞋盒。

斯蒂夫·范·多伦在电影中看到了潜在的商机，进行一番头脑风暴后，他制订了一个机巧的方法来宣传品牌。他回忆道：“我爸爸……我不想说他舍不得花钱，但实在是太精打细算了。我说：‘爸爸，电影快上映了，我知道我们不想做广告，不过或许你可以拨给我1 000双这种棋盘格图案鞋，我想送给全国的每一个（电台）DJ一双，这样他们在放电影原声音乐碟时就能让年轻人想到《开放的美国学府》’。”在电影首映前几周，一个DJ只要每放一次杰克森·布朗（Jackson Browne）的单曲（*Somebody's Baby*），他就可以向听众送出去一双范斯棋盘格鞋。这些鞋与电影的音乐紧密联系在了一起，就连原声大碟的封面都是一双黑白棋盘格滑板鞋，套在黄白格的圆圈里，乐队的名字排列在黑色背景的两边。“我们在20世纪80年代初播下了这些种子，公司植根于此。”斯蒂夫·范·多伦深情地回忆道。2001年，范斯赞助职业滑板运动员斯泰西·佩拉塔（Stacy Peralta）拍摄纪录片《狗镇和滑板少年》（*Dogtown and Z-Boys*），这部片子讲了滑板运动在圣塔莫尼卡发展初期的故事。在红毯上，斯蒂夫·范·多伦遇到了肖恩·潘，他为这部纪录片做了旁白。

“因为所有的孩子都想做杰夫·斯皮考利那样的人，你让我的生活轻松多了，所以谢谢你。”范·多伦告诉他。

斯皮考利热潮是对穿硬领衬衫的公司文化作出的第一波反应，此外冲浪小子也出现了，它同样产生于一种非常重要的价值观：个人主义。杰夫·斯皮考利之所以招人喜欢是因为他怎么想就怎么做（不管是在上第五堂课时叫了个外卖比萨，还是把公共汽车开进学校），而且他还不会让别人的期待或规则干扰自己的情绪。身为一家企业，范斯需要从斯皮考利的剧情中获取灵感；尽管与《开放的美国学府》合作取得了空前的成功，但仅仅一年半之后范斯就提出了破产申请。斯蒂夫·范·多伦还记得，为了与耐克、锐步等品牌抗衡，范斯也开始生产运动鞋，这让公司倍感压力。不幸的是，这却把范斯远远地拖离了它擅长的领域，甚至赔上了自己品牌的完整性，很自然地，他们失去了非常依赖范斯鞋的忠实的滑板和滑水运动者，却又没有争取到足够的大众来弥补损失。到20世纪80年代末，范·多伦和他父亲已有了能力让企业起死回生——他骄傲地补充道，“每投入一分钱都收回了成本”——并为品牌打造出辨识度更强的核心识别形象。

由于很好地维护了最早的也是最忠诚的顾客群——“滑板和滑水运动者、从事自行车越野运动的人群，还有我们这个圈子里讲究时髦的女性，”范·多伦指出——范斯扛住了20世纪80年代到20世纪90年代之间极端严酷的变化，当时全美最为推崇的是颠覆，这是年轻人的反主流文化，这些潮流以它有能力反抗传统为荣，突然发现自己站到了前排，来到了舞台中央。1980年代末期，一种音乐形式在华盛顿州兴盛起来，并逐渐培养出了一代人的音乐品位。垃圾摇滚是西雅图本地年轻人对庸俗华丽的主流摇滚乐的反击，那些歌在MTV电视台成立的最初10年间翻来覆去地播放。从音乐上来讲，垃圾摇滚混合沉重的重金属音乐和反叛的朋克摇滚乐而成，包含了极简主义的审美趣味，这是西雅图地区典型的风格。像Kiss乐队为现场演出可以花几个小时的时间捯饬，相反，垃圾摇滚歌手却会喝得烂醉，穿着脏兮兮的法兰绒衬衣疯疯癫癫、跌跌撞撞地上台。最初，垃圾摇滚乐的力量来自它所包含的渴望、失望、憎恶等直白的情感——不，到最后再看，其实来自它的时尚感。后来，当"垃圾摇滚"成了时尚行业的专用语，全美国的都市青少年也都接受了这种西北风格，西雅图本地人可能会耸耸肩，强调其穿衣戴帽的出发点从来都是极端实用主义的。在救世军慈善商店里，花少到可以忽略不计的价钱就能买到应季实穿的二手法兰绒牛津裙、针织帽子、厚重的靴子。垃圾摇滚风源自贫困产生的差异，在20世纪80年代，西雅图的乐队和MTV上出现的乐队之间的差别再清晰不过了：微金属和新浪潮乐队需要行头，所以需要钱。

终于，重创了西雅图的里根衰退席卷全美，而垃圾摇滚由于其表现出显著的穷人权利被剥夺感，让人感到它是如此高瞻远瞩。20世纪80年代过去了，这十年就像一场狂欢，如同受邀而来赴宴的客人点了香槟和鱼子酱，却没有付账就扬长而去。对美国人来说，20世纪90年代就是在以失业、波斯海湾战争和艾滋病的形式还账单。其中，艾滋病作为公共卫生运动的一部分受到了媒体不间断的关注，虽然发人深省却也令人恐惧。突然之间，这些目光呆滞、头发油腻的边缘怪咖们看上去也不离谱了。垃圾摇滚歌手以用力捶击琴弦的吉他演奏方式、加了混响的贝斯、牢骚颓废的演唱道出了这个国家每个人都没能说出的真相，这些自称输家的人成了地球的主人。

有两双鞋，几乎所有垃圾摇滚歌星“人脚一双”：匡威查克泰勒篮球鞋和马丁医生1460靴子。在美国先前兴起的另类文化风潮中，前者已经成为重要配饰。1970年代末，匡威公司发现它在青年文化中有着坚实的群众基础，于是在最初的黑白两色图案的基础上做了扩展，生产出五彩缤纷的糖果色查克泰勒鞋。这样，消费者很容易在家里对帆布鞋进行更多的量身改造，比如剪掉某个部位、做一些刺绣和装饰，帮助这款鞋在美国朋克摇滚乐的版图上立稳脚。男装设计师约翰·瓦维托斯与匡威的合作始于2002年，最新的合同续到2015年。他发现，20世纪70年代末男人和女人在穿查克泰勒时有个共同点，那就是他们都会穿着这款鞋去CBGB摇滚俱乐部看雷蒙斯、金发女郎、帕蒂·史密斯组合（Patti Smith Group）等乐队的演出。革命性的CBGB俱乐部在2006年10月关门了，不过身为乐迷的瓦维托斯顶下了这个空间，将其改成了闹市中的一间同名服装店。他说，从前的朋克乐迷们已经长大了，成为循规蹈矩的职场中人，相应地他们在置装时也比较保守，但他们还会穿匡威运动鞋，以纪念自己青春岁月的反抗和挑战。“我有个好莱坞的朋友，”穿着自己设计的查克鞋的瓦维托斯说，“他大概58岁。在（约翰·瓦维托斯品牌）开始为匡威做设计后，他如获至宝，每天都穿，配套装穿，用来搭配一切服饰。对他而言——他从来没有特意跟我说过，但我明白它们彰显出他的叛逆。他是个相当直率的人，但也有意愿投射出性格中的棱角。”除此之外，查克泰勒的独特以及保证品牌持续成功之处在于，它能影响一代又一代人而不至于让品牌的声望消退。瓦维托斯接着解释：“我的儿子，25岁，我想他没有一天出门不穿匡威运动鞋吧。他穿匡威是因为他气愤自己被看成孩子，他要叛逆，他想做的一切都是反抗，而有趣的是这正是品牌所传递出来的。不管你是58岁的成人还是15岁的孩子，这是你为个性打上烙印，与反主流文化结盟的方式。”

不知为何，父母与子女能同时穿匡威运动鞋，却没有违和感，部分原因是公司的决策要把查克泰勒包装成气质“先锋”的鞋，而非一味扩大消费群。长久以来，匡威兜售的是它的篮球鞋采用了最富革新性的技术，可到了20世纪90年代初，他们不再有兴趣玩这一套推广把戏，因为匡威公司意识到他们在和彪马、范斯等潮牌竞争。接着，流行文化助它一臂之力：在涅槃乐队（Nirvana）的《少年心气》(*Smells Like Teen Spirit*）音乐录影带开始的画面中，伴随着垃圾摇滚天王科特·柯本（Kurt Cobain）吉他弹出的重复旋律，是一双黑色的高腰匡威查克泰勒鞋。柯本本人很偏爱查克泰勒篮球鞋，因为它代表了一个局外人的姿态：他不情不愿地参与进了时尚圈，却又踮着脚偷偷溜了出去，穿着那双在文化上被定义为代表另类的篮球鞋。

正如范斯所意识到的，匡威也发现，使着劲太想靠近主流社会，势必疏离品牌的忠实粉丝群，也就失去了对那种难以言表的酷感的把握，而这酷感保证了他们鞋子有价值。1994年,《纽约时报》报道了匡威高管贝希·怀特曼（Baysie Wightman）的事迹，他调查了“纽约、东京和伦敦的俱乐部……还有西雅图和波特兰的摇滚酒吧，以及洛杉矶的街头”，为的是“寻找潮鞋”。他有个计划，观察那些夜夜买醉的异装癖、打扮得花枝招展的俱乐部小子穿的鞋，然后生产可以吸引他们的鞋，而不是给唱片骑师或啦啦队员的鞋，人所共知他们爱买运动鞋。潮流预测专家艾玛·赞德尔（Irma Zandl）撰文评论作出这样的决定对于一个大品牌来说是不寻常的。“大多数公司的志趣在于最大限度地提升销售额，占有更大更多的市场份额，”她写道，“看上去匡威已经决定了他们想做的是在另类世界尽可能取得最大的市场份额。”

要说最酷的另类鞋子，匡威的竞争对手是一个以英国为大本营的鞋品牌——马丁医生（Doc Martens）。这个品牌的背后是地下文化纷乱又多彩的历史。50年前，德国军医克劳斯·马丁（Klaus Maertens）下了战场，在巴伐利亚境内的阿尔卑斯山滑雪时腿受了伤。在塞斯豪普特（Seeshaupt）家中康复养伤时，这位25岁的年轻人突发奇想，想做一双鞋，像他打仗时穿的鞋那样坚固，但是鞋底有支撑性，用弹力橡胶制成，而不是当时普遍采用的皮质平底。他用所能找到的物料做出了一个雏形。“停战那一周，人人都参与洗劫。但大多数人都在找值钱的东西，什么珠宝啊皮草啊什么的，我捡到的是一个鞋匠丢下的东西，有一些皮子、针、线，自己做了一双鞋，鞋底就是我设想的那种厚气垫。”带着这双拼凑出来的鞋，马丁来到慕尼黑，在那儿他碰到了老朋友赫伯特·方克（Herbert Funck）医生。方克一下子就对这双鞋产生了兴趣，建议他们两人下海经商。他们重新选用再生材料，做出了最初的版本——这双鞋与标志性的1460靴子没有任何相似之处，但其制作过程中采用的革新性工艺却显示出品牌的前卫。马丁医生梦想着有双鞋垫舒服的鞋子，而不是直接把鞋底与鞋面缝在一起。他和方克想出了一个办法，即用热封工艺将鞋底和鞋面黏合在一起，并生产出有弹性的气囊。瞧！这双鞋真的太舒服了，它们被成天站着劳作的德国家庭主妇相中，立刻大获成功。马丁和方克将新技术授权给英国制鞋行业内大名鼎鼎的格里格斯家族。比尔·格里格斯（Bill Griggs）改良了鞋子的款型，并给鞋底命名为“AirWair”。推广品牌时，巧妙地用了一个卷起来的小标签，上面用鲜亮的黄色和白色字体印着格里格斯自己手书的字样“有弹力的鞋底”（With Bouncing Soles）。该给鞋子取个名字了。“方克医生”和“马丁医生”这两个名字他们都考虑过，后者胜出，因为“方克”一名听起来和某个不雅的咒骂词很像。德语*Maertens*一词也被改成英语拼法*Martens*，就这样，1960年4月1日，有8个鞋带穿孔的马丁医生靴诞生了。

1460靴以其生日命名。就在英国向国际时尚业输出了披头士乐队、时装设计师玛丽·昆特等外销产品之际，舒适、耐穿，仅用2英镑就能买到一双、价廉得不可思议的马丁医生靴不事张扬地在以蓝领工人、警察、邮差为客户群的英国功能性鞋市场上占据了一席之地。劳动阶层的传统让它们一诞生就得到了下层民众的喜爱；光头党们洋洋自得于他们出身于社会的最底层，想方设法要让自己与金融界精英和卡纳比街浮华的摩斯族区分开来，于是选择了马丁医生靴作为他们的战靴。为搭配马丁医生靴，他们穿上李维斯红牌牛仔裤，精心地把裤腿向上卷到裤长的3/4处，以便亮出保养得纤尘不染的靴子，正如精通马丁医生靴品牌历史、《马丁医生靴：偶像传奇》（*Dr. Martens*：*The Story of an Icon*）的作者马丁·罗奇（Martin Roach）所说："由于他们无须花时间打理发型，光头党们差不多把时间都用在衣服和鞋子上了，几乎是强迫性地擦亮马丁靴。"意味深长的是，尽管有一支光头党后来演变为最常用新纳粹主义武装自己的右翼白人至上论者，但那些惹是生非、扎眼的光头汉子在种族问题上其实比同期出现的其他族群更有包容心、更宽容。光头小子们听雷鬼音乐[1]，以及灵魂乐等源于非洲和海岛文化的音乐类型，也会在各种族人都进去的舞厅举办一场和谐的派对。然而在光头党文化中也出现了种种危险的变化，再加上马丁医生靴的发明者是一位参加过第二次世界大战的前德国军人这一事实，导致了一个阴差阳错的结局：1460靴子问世时是纳粹军靴，却逐渐进入主流社会，这可不是我们所希望的那样。卷进光头党运动也成了马丁医生靴诞生以来最恶名昭著的一桩丑行。

1 Reggae，源于牙买加的流行音乐，含有民间音乐、黑人布鲁斯音乐、摇滚乐的元素，具有强有力地强调非传统的特点。（译者注）

光头党们用鞋带来传递信息，换上不同颜色的鞋带就表示了一种一眼即能辨别出的服饰规则。这一规则到20世纪90年代仍很盛行，那时马丁医生靴已不仅仅只有光头党才穿，也被各种在意识形态上追求标新立异的团体用来寻找身份认同。但这规则从来没有得到一致的认可，因此，某种颜色的鞋带有何寓意会因地而异。比如，白色的鞋带可能象征了白人至上主义（在英国，它意味着向极右翼的民族阵线组织效忠），要么就是清楚地表达了截然相反的意思，特别是把白色鞋带和黑色鞋带交缠在一起用的时候。在加拿大，黄色鞋带被视为警察杀手的标志，某些地方蓝色鞋带也有同样的含义。20世纪80年代末，在某些城市，女孩穿马丁靴时如果系紫色鞋带可能会被看成是同性恋者。尽管地域环境千差万别，用鞋带传递信息让马丁靴作为整体出色又具体地完成了一个任务。如果鞋子是一种语言，那么马丁医生靴上作为记号的鞋带就是非常特殊的方言，相当于地区性口音对一个城市或国家的原住居民身份的界定。

20世纪60年代末期，钢头的马丁医生靴被认定为“有攻击性的武器”，严禁球迷们穿着它们在英国看足球赛。马丁靴的这种“被禁”感让它们不仅仅吸引了光头党，而光头党哪怕并没有打算伤害别人，却也想扮出随时可以出手的架势。这样，到20世纪70年代朋克走到台前之际，由于马丁医生靴和光头党之间的关联带给这种鞋子一种地下非法的气质，朋克们也开始穿着马丁医生靴。罗奇这样解释道："马丁医生靴最独树一帜的特点是，（每一个冒出来的）亚文化群体存在的部分理由是为了消灭先前出现的亚文化群体，摆出与六个月前的时尚潮流唱反调的姿态。于是，每一个亚文化群体兴起后……会把衣柜里的所有东西都扔掉，唯独留下马丁医生靴。"其中的部分原因是，不管哪个品牌的军靴，其外观除了强调战斗性和权威性，还保留着破坏性和不加以掩饰的威胁。有个例子，1971年电影《发条橙》（*A Clockwork Orange*）上映后，观众注意到了马尔科姆·麦克道威尔（Malcolm McDowell）饰演的男主角阿历克斯·德拉吉（Alex DeLarge）穿的服装，也开始买马丁医生靴加以模仿，尽管事实上电影里的阿历克斯并没有穿马丁医生靴。容易买到也买得起的马丁医生靴替代了电影里的厚重黑靴子，当德拉吉杀气腾腾的黑帮头头范儿在20世纪70年代被演绎成街头时尚后，马丁医生靴就成为这一潮流的中心元素。

和蜻蜓点水般从一个亚文化群跳到另一个亚文化群、缺乏稳定性的人们不同，马丁医生靴竭力从每一款中得到凤凰涅槃，更严肃，而不是轻描淡写地对待历史传承问题。20世纪70年代末，在英格兰低收入城市考文垂，青春期的孩子刚一成年就被笼罩在该地区高失业率的阴云下。一支名为The Specials

的乐队诞生了，它融合雷鬼音乐、朋克乐和斯卡音乐[1]——一种源自加勒比舞曲的音乐类型——充满了被日渐式微的朋克音乐所放弃的虚空颓废。The Specials乐队成立了一个唱片厂牌“Two Tone”，乐队博采众家之长的乐风持续影响了随后签约的几支乐队。厂牌如昙花一现，但它的名字却成为一类特殊风格音乐的代称，并激发出一股怀旧时尚，这一潮流以20世纪50年代的装束为主，搭配的却是遍地可见的马丁医生靴。

马丁医生靴的传统客户都是阳刚气十足的男人，很快，这家公司开始认识到女性消费者的能量，并回想起当年它们被德国家庭主妇穿在脚上的情景。按罗奇的说法，这个现象“大约出现于1985年或1986年，（那时）马丁医生靴公司里有人注意到小号男鞋的销量猛增，于是他们致电各零售店，想搞清楚情况，因为他们很好奇为什么英格兰地区突然之间都是脚4码（英制鞋码）大的男人”。当然了，英格兰男人并没有集体缩水，格里格斯公司却恍然大悟，原来由于品牌没有生产女士号码的鞋，女性消费者只能去买她们能找到的最小号的男款马丁医生靴；公司立刻作出回应，不仅生产小号的马丁医生靴，还专门为女士而设计。其中最著名的是1460印花款，这个款式同时运用传统的阴柔的印花与色彩，与富有侵略性、野气十足的靴子形成了对比。

1 Ska，牙买加的一种流行音乐。（译者注）

1984年，别称有Dr. Martens和Docs的马丁医生靴全面打入美国市场，它们在进军海外的同时也迅速地被各个亚文化群体所接受。男性和女性消费者都穿上了马丁医生靴，这缀着黄色商标的齐踝靴迅速成为华盛顿州正在萌芽、兴起的垃圾摇滚风的配饰。华盛顿州是西北太平洋气候，天气潮湿，而厚重的军靴也适合蹚过当地泥泞的街道、草地。马丁医生靴和母公司R.格里格斯都非常相信他们标新立异的顾客群的忠诚度，直到20世纪90年代初才成立市场部，此时销售额飙升，没有市场部已经不行了。罗奇写道："想到我们在北安普敦的一座旧农舍里就卖出1 200万双马丁医生靴，却没有一个市场部，这是典型的英格兰特色，非常有吸引力，但这并不现实。不过即便是今天，他们的市场策略仍然非常低调，从来也不会把靴子强加于人。他们把靴子摆出来，他们既做市场活动也发布广告，但他们非常清楚自己拥有50年的历史，那可是全世界最大号的支票簿，买都买不来。"

20世纪90年代的10年里，当人们给脚上套上马丁医生靴时，他们就把自己归类到这个多姿多彩、时常多变的族群中，并用自己的方式与世界对话，渴望融入世界。这就是1993年得克萨斯州一所高中禁止学生穿马丁医生靴的原因。校方担心这是学校里出现光头党的信号（图38）。当时，达拉斯沃尔

图38→p87
马丁医生靴。

斯堡郊区的葡萄藤市（Grapevine）起诉了一系列种族犯罪案，搞得人心惶惶，于是学校管理层着手把穿马丁医生靴的学生赶出课堂，并威胁他们如果不换鞋就得休学。那些学生买马丁医生靴并没有任何政治原因，只是因为他们在MTV、杂志上看到自己崇拜的流行偶像也穿马丁医生靴而已，就对校方的举动提出抗议。学校最终屈服，承认他们将时尚潮流（fashion）和法西斯主义（fascism）混为一谈了。“我们犯了个错误，”事件引发全美国的关注后，学校发言人对《纽约时报》说，“我们想清除光头党，但采用的办法不恰当。”校方没有考虑到的是，虽然光头党穿马丁医生靴，摇滚乐的传奇人物比如彼得·汤森德（Pete Townshend）、乔·斯特拉莫（Joe Strummer）也穿马丁医生靴，这些传奇故事对于渴望定义自我的年轻人来说力量非凡。“（好比说）你现在12岁，由于你才十几岁，所以你和父母的关系有点别扭紧张……（这时）你穿上了一双靴子，这双鞋彼得·汤森德在1967年穿过，朋克们在1976年穿过，Two Tone旗下的乐队们在1979年也穿过，人们自然会高看你几分。这说明你从这件标新立异的服饰中有所收获。”罗奇指出。

垃圾摇滚成为昙花一现却高度成功且极富权威的时尚热潮。垃圾摇滚潮流作为西雅图的城市标志，垃圾摇滚明星也被视为一类主流时尚的引领者得到追捧。实际上摇滚明星们在成长过程中对主流时尚既轻视贬低，又渴望借模仿超越它，这导致了不平衡，以至于终于触到了底线。1992年，垃圾摇滚开始走下坡路。这一年，还是派瑞·艾力斯（Perry Ellis）品牌一名年轻设计师的马可·雅各布斯（Marc Jacobs）首次发布了个人T台系列，灵感正来自垃圾摇滚。这场秀令人印象深刻，雅各布斯给二手服装店时装标出了高级时装的价格，既强调了时尚界惊人的文化洞察力，也凸显出时尚圈对普通人声音的置若罔闻。草根年轻人吸收垃圾摇滚的风格让自己鹤立鸡群，设计师也借用了这一路数。尽管垃圾摇滚的诞生被看作是对20世纪80年代及这个年代放纵、无节制的反应，但它却被其发起者们一开始就着力嘲讽的商业模式终结了。涅槃乐队在西雅图音乐圈声名鹊起的那短短几年，中上阶层的都市少年开始穿马丁医生靴和查克泰勒篮球鞋，以此向自己热爱的乐队致敬。其结果便是，一种人为制造出来的真实感让全美国的人都着了迷，不管名人还是普通消费者都争先恐后地要拥有最“真实的”、最本能的、最该被冠以疏离和痛苦的感觉。美国广播公司出品的电视剧《我的青春期》(*My So-Called Life*)，讲述一个15岁的女孩如何作出有意识的决定，反映了她高中校园生活的种种花絮，以及在沉迷于自我的短视和完美精准的洞察力之间摇摆不定的青春期孩子特有的心智，从而俘获了一代人。20世纪90年代中早期，马丁医生靴成为主流，昭示着装腔作势的时代来临：一种古怪的星期五潮流开始流行，并持续多年，在这股潮流中有钱人想扮穷，特立独行的人希望收敛起锋芒，而“失败者”们——他们从不奢望潮流聚光灯会打在他们身上——也在潮流再次衰退、消失之前享受到了聚光灯光芒散发出来的热量。

15

女孩力量与玛丽·珍鞋

Girl Power and Mary Janes

（1994 —1999）

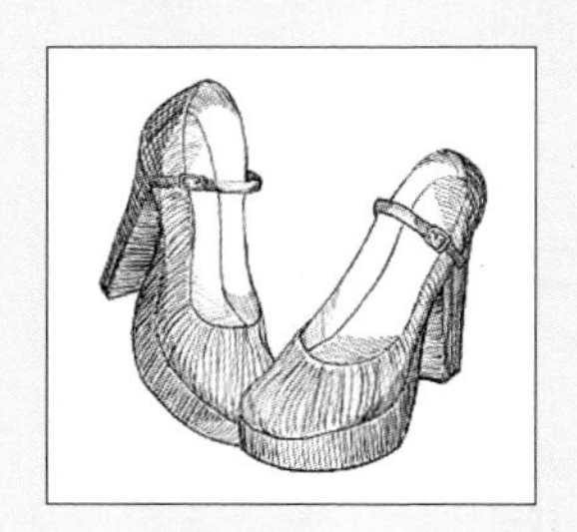

1995年：
加利福尼亚州，洛杉矶

和20世纪90年代早期到中期的诸多摇滚明星不同，格温·史蒂芬妮（Gwen Stefani）并无什么苦大仇深。1995年10月10日，“不要怀疑合唱团”（No Doubt）发行了第三张专辑《悲惨王国》（*Tragic Kingdom*），此时的乐队主唱格温还是个26岁的白金头发海报女郎，像从珍·哈露、拉娜·特纳、玛丽莲·梦露的模子里抠出来的。像早年间的好莱坞It Girl，格温的美貌中规中矩：双唇饱满，洋娃娃般的大眼睛，她还用樱桃红的唇膏、上挑怀旧的眉毛、浓密的假睫毛打造出了富有个人特色的妆容。这个浓妆艳抹的女郎看上去颇有明星范儿，但在《悲惨王国》发行之前，合唱团尚未摸到成功之门，这可是他们在南加州上高中组成乐队、初次登台表演就梦寐以求的。1992年，“不要怀疑合唱团”的首张同名专辑上架销售，正赶上垃圾摇滚流行的巅峰时期，乐队演唱的却是曲风浓烈、精神乐观、旋律美妙的歌曲，他们被告知，唱片想在全国发行除非奇迹降临。然而，史蒂芬妮和乐队的男孩们没有气馁。他们坚持在小型俱乐部演出，粉丝人数虽不足为道，却也忠实；他们一直坚持到垃圾摇滚一统天下的局面结束，油渍麻花的脏辫和法兰绒衣服的装扮也退出潮流那一天。

《悲惨王国》的唱片封面上，格温穿着红色的塑料薄膜迷你A字连衣裙，唇膏和指甲亮闪闪，醒目地站在前景。她手握一只橙子，弯曲着胳膊，肱二头肌鼓起，分明是一种暗示：在二八芳华的凯特·莫斯（Kate Moss）以及阴柔美盛行的年代，运动美将成为格温的标志。唱片封面的背景中，一棵枝叶稀疏的橘树和她乐队的伙伴们——托尼·卡纳尔（Tony Kanal）、汤姆·杜蒙特（Tom Dumont）、亚德里安·杨（Adrian Young），还有格温的哥哥埃里克排列在一起。埃里克在《悲惨王国》面世之前已离开了"不要怀疑合唱团"，格温认为他共同创作了专辑中的大量歌曲，坚持他应该接受镜头给予的荣誉，他才不情不愿地出现在封面上。不管怎样，埃里克·史蒂芬妮（Eric Stefani）像封面上其他男孩一样，形象模糊不清。对乐队绝大多数成员的忽视成了一种常态，摄影师们的焦点都集中在格温身上，毫不掩饰地把她的伙伴们都裁到了取景框之外。杂志也只想让这位长着小鹿般双眸的女歌手上封面，勉勉强强把乐队其他的音乐人作为成套交易接受下来。讽刺的是，当"不要怀疑合唱团"征服了评论家，渐渐如日中天之际，乐队里的男孩们感到自己越来越不被看作是摇滚明星。他人的愤懑逐渐膨胀，格温却享受着聚光灯的照耀，不由得在扑面而来的名气和最好的朋友们被伤害的感觉之间左右为难。

乐队面临解散。当时，吉他手汤姆·杜蒙特建议，不妨在其第三张专辑《悲惨王国》中那首无比打动内心的歌《不要说》（*Don't Speak*）的MV中演绎他们的那种挫败感。乐队以MTV一代的吐槽风格，玩了一个小花招，戏剧化地安排了一个拍照的情节：摄影师热切地拉过格温，让她抓住智慧树和《悲惨王国》封面的那种橙子，而她的乐队同伴被远远拉到了取景框的边缘，满脸不悦，俨然是局外人。这部MV真切地传达出乐队内部正在发酵的真实又愤怒的情绪，同时也公开坐实了人们对"不要怀疑合唱团"最常见的批评：他们不过是采用了唱片业最惯用的伎俩，找一个性感小猫推到前排，来吸引眼球。1996年的一个尖刻评论特别具有代表性，评论者一针见血地指出："看来，作为女摇滚歌星的格温·史蒂芬妮已经不存在了……《悲惨王国》的成功再次证明了娱乐圈的一个信条：卖弄风骚就能大卖，哪怕是女性音乐人也会怦然心动。或许我们压根儿不该生活在这样一个野心勃勃的时代。"至于格温，作为以西雅图为中心的另类族群的露脐装版本，是否真正表明了女性在摇滚乐上的退步？

毋庸置疑，她和垃圾摇滚天后考特妮·乐芙（Courtney Love）不是一类。乐芙似乎将主张女性愤怒视为自己的天职，因此把每一场现场演出都当作发泄愤怒的机会。格温自己承认，她身上部分体现了流行女歌星的男孩幻象：她的哥哥想组建个乐队，但自己不会唱歌，便将有歌唱潜质的妹妹塑造成了完美的女主唱。克里斯·希斯（Chris Heath）1997年为《滚石》杂志专访了“不要怀疑合唱团”，写到格温时他这么落笔：“格温曾说过，埃里克一直是个天才的漫画家（他离开‘不要怀疑合唱团’后去画《辛普森一家》了），把她包装成了……一个卡通人物。”乐队的首支热门单曲名为《只是一个女孩》（*Just a Girl*），连篇累牍唱了一长串小女生的陈词滥调（只需要按照男人的要求作为客体存在就好，不要有观点，娇滴滴，晚上不敢开车），歌曲的MV有些特写镜头拍得非常近，漫画式地让格温在镜头前噘嘴、抛媚眼。不过，只看歌曲的表面价值，会忽略史蒂芬妮传递出来的甜腻腻却狡黠的讽刺意味。撇开格温仅仅是个可爱姑娘——也是摄影师的诱饵、商业的伎俩——不看，或许就能看到她为《悲惨王国》这张唱片作出的贡献。专辑里14首歌曲有超过12首她至少参与了创作，歌词记录了她和贝斯手托尼·卡纳尔新近分手的点点滴滴，也刻画了随之而来的心碎。格温是新一类的女性偶像，既有老派的阳刚气，有时谈吐举止又像淘气的小男孩，经常在舞台上做俯卧撑。她暗示听众，她想成为《悲惨王国》专辑封面上的那个女孩。没错，从很多方面看她也就是个来自加州橘县的女孩而已；但也有蛛丝马迹被泄露出来，它闪烁着，只是你忽视了——在她的脚上穿着马丁医生靴。

垃圾摇滚让马丁医生靴走红后，它们便成为流浪女孩[比如MTV播放的卡通片里愤世嫉俗的跩妹黛薇儿（Daria）]和复仇天使[比如坦克女郎（Tank Girl）]穿的鞋。但是，格温穿着马丁医生靴登上《悲惨王国》封面，可不是为了在外表上让自己和垃圾摇滚扯上关系，毕竟是英国的斯卡音乐和Two Tone的唱片影响了“不要怀疑合唱团”的音乐风格。在随后的《只是一个女孩》和《蜘蛛网》（*Spiderwebs*）的MV中，她分别穿上了黑白双色的马丁医生靴和经典的樱桃红齐踝马丁医生靴。鞋子暗示着，尽管格温有张看着可人的脸蛋，实际上她就像20世纪80年代中期到90年代唱片业内的另类女人，内心不乏叛逆。史蒂芬妮征服了由男性独霸一方的垃圾摇滚界，她和其他女性音乐人试图在音乐界为女性重新争取到空间，便运用时尚来作为她们联合与反抗的方式。

格温是那个时代众多以歌词和着装来挑战摇滚歌星边界的女音乐人之一。在音乐生涯的早期，她常常被拿来和另一个乐队女主唱——与西雅图传奇乐队紧紧捆绑在一起的考特妮·乐芙相提并论。乐芙除了是另一支风头强劲的乐队“洞穴”（Hole）的主唱，还因为是科特·柯本的遗孀，于是她在摇滚众神殿里有了一席之地。作为演唱者，乐芙会失控：她辱骂歌迷，撩起衣服忽闪着亮出裆部，从舞台上一头栽进因崇拜而狂热、受摇滚刺激变疯狂的歌迷中，这些都是她的著名事迹。丈夫刚刚自杀她就为“洞穴”的专辑《由此活着》（*Live Through This*）举行巡回演出，由此活在了涅槃乐队的歌迷中，这些歌迷要么认为她与他们共度悲伤，要么指责她是神经质的悍妇，一手把柯本推上了绝路。

20世纪90年代早期到中期，考特妮·乐芙个人生活的幸福与悲剧的比率毫不意外分配得很不均匀，仿佛被施了催眠术。她与毒品、她丈夫没完没了的药物滥用，以及自杀倾向作斗争，穿着柯本自杀时的外套——当然血迹被洗干净了——四处游荡。和她的人格面具一样，她的个人穿着风格也明显带有挑衅意味。在《由此活着》发行期间，考特妮·乐芙穿着洋娃娃风的连衣裙和齐膝袜子，凌乱的头发上别着孩子气的塑料发卡。再看她脚上穿的，当然和史蒂芬妮的大头鞋不一样。乐芙不会为了平衡自己极端女性化的穿着，如蕾丝晚礼服、套头衫下的圆领衬衣就去搭配雄性化的鞋子，而是选择了漆皮的玛丽·珍皮鞋，暧昧地在成熟妇人的身体上打造出一副小女孩的外表。丰乳肥臀的乐芙与运动型、苗条的史蒂芬妮截然不同，但殊途同归，乐芙也用不寻常的方式展现了她的性别色彩，挑战了观众对女性吸引力的固有理解。

乐芙的风格被称为童妓范儿(Kinderwhore)。她在镜头前噘着嘴，红色的唇膏蹭到脸上，就像一个发育过熟的雏妓。这位“洞穴”乐队的歌手有种种说法来解释自己为什么这样打扮，其中最体现她意识形态的说法是，这个世界总是把女人当孩子看，忽略女性的力量，她要唤起人们对这一看法的思考。身为摇滚乐界的女性，乐芙感到自己在推动一个根深蒂固的偏见：女歌手不可能像米克·贾格尔那般摇滚。正如她在1994年对《滚石》杂志所言：“我记得自己是听着莱昂纳德·科恩(Leonard Cohen)的唱片成长的，我想，‘我希望他歌里写的就是我。’我想成为苏珊[1]，我想生活在那条河边……随后我又改变了主意，‘不不不，我不想做那样的女孩，我要做莱昂纳德·科恩!’”然而她并没有简单模仿这位男性偶像级音乐人，而是另辟天地，得以让女人展示出同样的力量：在这片天空下，女人们可以嘶喊，可以昂首阔步，可以竭尽所能地挑战极限。还是华盛顿州奥林匹亚市的豆蔻少女之时，乐芙就浸淫在极富煽动性的女权朋克运动——暴女音乐(Riot Grrrl)中形成了自己的三观。暴女音乐类型是朋克音乐的一个分支，它要发出巨大的噪声让女性问题得到人们的关注，它不屑于像琼妮·米歇尔(Joni Mitchell)那样提出问题，并且平和地反

1 科恩代表歌曲《苏珊》(*Suzanne*)里的主人公。(译者注)

映问题。意味深长的是，考特妮·乐芙极其崇拜琼妮·米歇尔。穿着如此挑逗、如此具有性颠覆力的服装，她既突出了自己的女性气质——虽然可以想见是多么有限，也利用了这种女性气质。尽管她振振有词地抗议说，公众要求女人既漂亮又成功是不公平的，其实乐芙深谙此道：女人必须漂亮，至少必须上镜，她发出的声音才会被人听到。在“洞穴”乐队谋划着打榜的时候，乐芙要求乐队同伴埃里克·厄兰德森（Eric Erlandson）给她一笔钱做鼻子整容手术，长久以来这是她青春期不自信的根源。“我不仅仅是为了拍照好看，我感到不自信。我一看到《反面》（*Flipside*）杂志的封面，就对埃里克说，我们能卖出4 000张唱片还是400万张，完全取决于你。你可有3万美元，我没有。就这么着，埃里克·厄兰德森为我的鼻子买了单。”

果不其然，考特妮对“只是一个女孩”的阐释也是暗黑的：《布娃娃的零件》（*Doll Parts*）一歌的歌词里，她的身体被分解成布娃娃的一个个零件，似乎根本没有考虑到她有人类疼痛的感受，歌词写出了她没有得到满足的情感需求。这种将个人外在形象和身体分离开的倾向早在20世纪80年代乐芙做艳舞女郎时期就昭然若揭了，当她认识到，为了推翻传统观念对女性美的定义，首先必须得屈从它们时，那种分离便加剧了。考特妮选择穿玛丽·珍鞋，既是理性的综合考量，也是为了单纯释放被压抑的童年情绪。1994年，记者马克·塞立格（Mark Seliger）追问她关于洛丽塔风格的服饰细节，她顾左右而言其他："我会觉得——发自心底地、由衷地认为，我正在改变摇滚乐在某些性心理方面的观念……还有——我朋友乔也跟我指出了这一点——自从他知道了我有一些小孩儿玩的茶杯、积木、玩具之后。也许因为我从来没有过一双漆皮鞋。从来没有过针对具体性别的娃娃玩具。很小的时候我就绝对坚持上芭蕾课，这在我们家里引发了一场激烈大战。这和性别指向毫无关系。"

考特妮的父母是听死之华乐队（Grateful Dead）歌曲的嬉皮士，她的生父曾经做过一阵子该乐队的经理人，显然深受第二波女权运动浪潮的影响，而她出生的1964年又是女权运动发展到最高潮的时期。但是到《由此活着》打榜的期间，一股新的女性主义思潮生根发芽了。这股思潮是第二波女权主义运动的冲击波，不同于20世纪六七十年代支持女性参政议政和鼓吹妇女解放的论调，第三次女性主义浪潮并没有提出让人记住的明确的政治主张，而是用更抽象、更后现代主义的理念——比如女性主义在文化中的建设、某人的性别从其生理性别中抽离出来后是如何产生的，又该如何去理解等——与主流社会唱起了反调。此外，女权运动长期以来一直受到批评，特别是涉及中上阶层白人女性群体的时候。中上阶层的女性不同于底层妇女，甚至不同于非洲裔中产阶级女性，后两者工作是为了生存，而前者则有得天独厚的条件，得以把工作当成理所当然的事。第三次女性主义浪潮提出种族融合，消弭经济差别，并视第二次女权主义浪潮的基本原则为陈旧过时的。他们认为将男性看成压迫者、女性属于被压迫者的论调是无稽之谈，甚至是消极的。第三次女性运动浪潮的目标之一是取得对女性性别概念的高度掌控权，并且重新定义它们；比如，女人通过选择化妆和穿高跟鞋，借此全面了解女性性别的文化传统，才能在观念上摆脱传统女性观的危害——就像某种不利的思想，只有承认了它才能消除它带来的威胁。

女人打扮成童妓范儿只是想这么穿而已，从某些方面看她们与早些年穿着玛丽·珍皮鞋的女人没有什么区别。当时髦女郎们脱下长筒袜，给膝盖涂上胭脂，就意味着她们掌握了性爱自主权，可以与男人寻欢作乐，而不再有被使用的感觉。当然也有怀疑论者并不赞成将纵欲看作赋予女性的权利，坚信这不过是强化了女性作为性工具的感受，哪怕她们自觉自愿这么做。多伦多贝塔鞋履博物馆的馆长伊丽莎白·赛默海科将女性进步和外表联系了起来：女性首次取得的可喜进步靠的是《美国宪法》第十九条修正案[1]，第二次则通过20世纪70年代和80年

1 这条于1920年生效的修正案首次确立了女性拥有选举权。（译者注）

代的职场，这两个时期随即跟上的时尚潮流却大大地唱了反调："我认为在飞女郎和女孩权利之间存在着深刻的联系，或者说童妓打扮和女性的纵欲行为也不无关系，所以我觉得在女性权利取得数次重大进步后出现这两种现象，颇为意味深长。我想，这就是时尚最终传达出来的，不管你认为自己取得了多少成就，你的外表仍然是最重要的东西。"

十年过去，社会学层面上的女性外貌和服饰事实上让位给了外貌和服饰。换句话说，媒介已经剥去了信息，变得言之无物。以反抗公司制度和反对名人文化发端的时代不折不扣来了个180度大转弯，以简单粗糙的车库摇滚开始，不知怎的以美少年组合结束。玛丽·珍鞋也不再具有颠覆性，史蒂夫·马登（Steve Madden）成为中间市场一大品牌。史蒂夫·马登出生于纽约长岛，在20世纪70年代松糕鞋盛行的时期，放学后他便去鞋店打工；他找来门童假扮司机，自己打开汽车后备箱兜售鞋子样品，借此在1989年创立了自己同名的鞋履品牌。他的鞋子不贵但新潮，而且他有个大发明，推出了"玛丽·娄鞋"（Mary Lou）：一种圆头的玛丽·珍鞋，它迅速赢得了十几岁少女的追捧。

剧装设计师莫娜·梅（Mona May）视20世纪90年代中期

为“转折点”，此时“时尚准备好了，孩子们准备好了……我觉得到了那会儿我们听的垃圾摇滚多得已经淤积了”。尽管童妓范儿借着那股刺激挑衅颇为招摇，但却不是少女们心仪的那盘菜，她们要么模仿男摇滚歌星的穿着，穿大号破洞牛仔裤、法兰绒衬衣、毛线帽，要么穿玩具娃娃风格的连衣裙、别发夹，毫无这些服饰原本的对抗和嘲讽意味。相应地，女孩和男孩们喜欢用马丁医生1460靴或查克泰勒篮球鞋搭配外出穿的服装，这两款鞋此时终于以涓涓细流之势汇成了潮流的汪洋大海。当梅接到电影《独领风骚》（*Clueless*）的编剧兼导演艾米·海克林的电话，邀请她为该片设计剧服时，吃了一惊，因为这意味着她可以将自己对剧装设计的热情和对高级时装的热爱结合在一起了。“我们想消解垃圾风的影响，做一些特别有女孩气质、风趣、一看就是受到欧洲影响的服装。”她回忆道，那时她并不知道这部电影将改变时尚潮流的大方向。在《独领风骚》一片中，梅勾画了一个幻想世界。那个贵族高中的学生们穿衣打扮走经典女学生路线，如牛津衬衫配马甲，或者格子裙、齐膝中筒袜混搭高级时装，还有领子装饰着羽毛的外套、让人爱不释手的帽子、阿莱亚裙子，新潮十足。在很多场景中，女主角雪儿（扮演者是精灵可爱的艾丽西亚·希尔维斯通（Alicia Silverstone））穿着玛丽·珍鞋，尽管在这部电影中，玛丽·珍鞋所固有的青春属性并没有散发出刺激挑逗的气味。事实上，梅和海克林在为影片挑选出这双鞋子的时候，初衷恰恰相反。梅还记得："试装时我们试了很多种鞋，有高跟鞋、松糕鞋，只有玛丽·珍鞋真正让我们感受到了扑面而来的青春气息。这双鞋适合女孩穿，甚至能搭配着迷你裙穿，看上去非常青春，还很甜美。"她想把女孩子们装扮得老成一些，因为这些角色出身于比弗利山富裕人家；当然也不能过于性感："对我来说，还有一点很重要，就是不能卖弄风骚。"

对少女风格的强调让影片充满了糖纸般绚丽的服饰，尽管电影为了反映真实的现实背景也刻意安排了垃圾摇滚的镜头。雪儿的忠实死党——布莱特妮·墨菲（Brittany Murphy）扮演的泰，第一次出场时穿了件具有典型20世纪90年代初风格的制服，顶了一头染成酷爱牌（Kool-Aid）饮料包装那么红的头发。影片上映后，雪儿有段台词迅速成为金句，她恳请高中男生穿得时髦点吧，不够时髦的男生她拒绝与其约会："好吧，我可不想当我同龄人的叛徒，但我实在不懂现在的小伙子们怎么会穿成这样。我是说，拜托，他们看上去就像是刚爬出被窝，胡乱套上麻袋一样的裤头，胡噜一下油渍麻花的头发——呃——随便扣上一顶鸭舌帽，帽舌朝后，就这样还能指望我们为他们神魂颠倒？门儿都没有。"观众显然也很认同她的观点。

电影在1995年7月上映，很快少女们就按照雪儿的风格对自己改头换面。看到满大街的《独领风骚》风格装扮，莫娜·梅心花怒放："不管走到哪儿都可以看到女孩子们穿着玛丽·珍鞋，穿着过膝中筒袜，穿着短短的格子裙……真是令人赏心悦目。眼看潮流又转回到甜美、转回到女性柔美上来，实在让人欣喜。"潮流的轮回也影响到了高端时装设计师："特别神奇的是，（卡尔）拉格斐也把我们为影片设计的小手机套搬上了他的新装秀场。"《时尚》杂志也罕见地在内页介绍少女潮流的内容。当《独领风骚》时尚席卷全国之际，电影不太纯真的另一面也被提了出来，那就是——财富。海克林在表现西海岸富人群体、鸵鸟般逃避现实的高中时带有明显的调侃，却刺激了人们对按摩、靓车、血拼的渴求，以至于人们浑浑噩噩过了几年后，刷美国运通白金卡唯一的文化意义就是用它买一张休易·路易斯（Huey Lewis）[1]的专辑。

时光飞逝，青少年肥皂剧《我的青春期》上演，剧中每个角色都有了一个"衣橱"，以便他们能把握角色平时穿限量版时装的生活经验。青少年再一次渴望进入"独领风骚"那样的幻境，此时互联网在生活中还没有普及，在电影营造的理想世界里女孩子们可以利用数字技术管理她们的衣橱，用宝丽来相机拍下服饰搭配，不必再依赖镜子。20世纪90年代，文

1 美国摇滚歌星，1979年他在旧金山组建了摇滚乐队Huey Lewis & The News，以轻快的曲风，简单却动听的旋律风靡于20世纪80年代和90年代初期。（译者注）

化与金钱、名人、性别之间的关系变得异常紧张，O.J.辛普森（O. J. Simpson）出庭受审让消费者认识了高端男鞋品牌布鲁诺·马格利（Bruno Magli），这个品牌的销售一飞冲天，哪怕辛普森被指控穿着它们犯下了双重谋杀罪，而且他为自己辩护时还嫌弃它们“丑陋”。童妓风格的理论发生了变异，让位给了“女孩力量”之说和辣妹组合（Spice Girls）。五位辣妹穿着紧身连衣裤、迷你裙和比基尼上装、热裤，还有乙烯树脂材质的恨天高靴子，鼓吹女性要实现个人价值，歌唱女孩之间的友谊……这样的派头让莫娜·梅创造的突出“甜美”的女生风格都相形见绌。1998年，16岁的流行歌星布兰妮·斯皮尔斯（Britney Spears）发行了她处女作的音乐录影带。MV中，小甜甜将身上的白色牛津衬衫前襟系起来，露出小腹，配了条打褶迷你裙、灰色齐膝袜、黑色平底乐福鞋，梳着麻花辫，满脸浓妆唱着“……爱的初告白”（*Baby One More Time*），要证明自己已经足够成熟了不惧为爱心碎。同一年，“洞穴”乐队对《由此活着》作了回应，这时的考特妮·乐芙已变得富有时髦，此前不久还因为出演《性书大亨》（*The People vs. Larry Flynt*）被提名金球奖。她还坦承，她爱她的新故乡：洛杉矶。前卫先锋的时代正式结束了。不过很快，一个新的女性力量形象——其中金钱发挥了至关重要的作用——迷倒了全世界，在新千年让女人与鞋子之间的关系更牢不可破（图39-41）。

图39→p88
彩色装饰麂皮长靴。

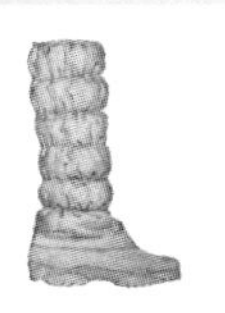
图40→p88
月球靴。

图41→p89
米字旗“想要”
乐福鞋。

16

鞋子和单身女郎

Shoes and the Single Girl

（1998—2008）

格林兄弟的著名童话《小精灵和老鞋匠》(*The Elves and the Shoemaker*)讲了一个穷困而善良的鞋匠的故事。老鞋匠的生意潦倒，陷入困境，这时一队会魔法的小精灵帮他渡过了难关。每到深夜，鞋匠和妻子熟睡后，小精灵们就出现在他的作坊里，把他仅能买得起的寒碜皮料做成漂亮的鞋子，第二天早上便卖出好价钱。最后，两位好心人用他们赚到的钱为小精灵们做了衣服，小精灵们自此消失不见，留下鞋匠经营兴旺发达的生意，再也没有遭受过穷苦的折磨。

进入新千年，高端鞋履设计师们体验到了一种全新的、前所未有的、令人迷醉的成功。

今天的小精灵不会施魔法，却更富有好莱坞精神：作家坎迪斯·布什奈尔(Candace Bushnell)、制片人丹伦·斯达(Darren Star)、演员萨拉·杰西卡·帕克(Sarah Jessica Parker)、导演迈克尔·帕特里克·金(Michael Patrick King)联手，为HBO原创了一部肥皂剧《欲望都市》(*Sex and the City*)。这部连续剧从1998年播放到2004年，将一位鞋匠——马诺洛·布拉尼克——推上了时尚神坛。自1972年奥西·克拉克天桥噩梦(那一次走秀模特穿的橡皮鞋跟因为弯曲变形而无法行走)之后，布拉尼克凭借持之以恒的努力，终于创建起自己的事业，他醉心于设计制作款型优美、结构科学的鞋子，粉丝们称赞他的鞋既好穿又好看。打赢“54号俱乐部”一役后，他俘获了一大票富有、活跃在时尚浪尖上女人的芳心，她们中既有资深时装编辑安娜·皮阿杰（Anna Piaggi）和格蕾丝·柯丁顿（Grace Coddington）、《时尚》杂志主编安娜·温特等业内地位显赫的潮流先锋，也有愿意与身边同样讲究穿着的闺蜜分享装扮秘籍的普通女性。于是他收到了高级定制时装业的准入许可，在1997年获邀与约翰·加里阿诺（John Galliano）一同打造迪奥新装秀。

20世纪90年代末到21世纪初，有着一头银发、地中海式橄榄色肤色，穿着剪裁得体定制套装的布拉尼克当之无愧被封为高端鞋履的守护神，地位至高无上，无人可撼动。娜奥米·坎贝尔（Naomi Campbell）称他为“高跟鞋教父”，安娜·温特为他2003年举办的设计草图展写了前言，文中说她“不穿别人做的鞋，除了他做的”。在20世纪90年代中期，坎迪斯·布什奈尔在《纽约观察家报》（*New York Observer*）撰写专栏之际，像她这样的上东区女性已经完全接受了布拉尼克。“纽约可能有成千上万名这样的女人。”布什奈尔曾经写道，她指的是一个单身、自己赚钱买花戴的女性群体，她正是其中一员，经济独立，不停地寻觅爱情。“谁都认识很多这样的女人，谁都承认她们了不起。她们出门旅行，她们交税，她们愿意花

400美元买一双马诺洛·布拉尼克的绑带凉鞋。”电视剧《欲望都市》根据布什奈尔的专栏结集改编，其实并没有向这类女性介绍布拉尼克的鞋，倒不如说电视剧向普通观众推介了这类女人，一群买起奢侈品鞋子来毫不手软的女人。

此后，布拉尼克成为家喻户晓的名字。“马诺洛”，鞋子有了这个朗朗上口的昵称，简短的称呼不仅彰显了鞋子的品牌，也传递出穿鞋女人身份地位的所有信息（比如，售货员一眼就能看出进店来的某位女士愿意花钱——因为，她穿着马诺洛）。买一双超过400美元的鞋，曾经是特权阶层女性的权利，如今进化成任何一个渴望成为《欲望都市》剧中凯莉的普通女人的入门仪式。它是喝大都会鸡尾酒、吃木兰花烘焙坊（Magnolia Bakery）杯子蛋糕的高阶版。位于纽约下城的木兰花烘焙坊出现在《欲望都市》第三季的第五集中，此后观众便前往西村（West Village）朝圣，店外任何时间都排着长队，以期品尝到心心念念的甜品。电视剧的收视率急剧攀升，达到每周700万人次，热到不管凯莉·布拉德肖（Carrie Bradshaw）有什么，《欲望都市》的粉丝们就要什么。至于凯莉，她想要的是什么？她生活中的挚爱是她的朋友、她的时装，还有她的鞋子。

《欲望都市》故事开始时，女主人公们已经跨过了二字头的年龄，没有婚姻、孩子，也没有白色栅栏围起来的房子。这几个女人是作家艾丽卡·钟（Erica Jong）、海伦·格蕾·布朗（Helen Gurley Brown）的派生物，她们关注事业发展，沉湎于鱼水之欢，而免了婚姻誓言——抑或说一夫一妻制的约束。凯莉·布拉德肖是新一代的行为榜样，因为在电视剧开始的时候她已经33岁了——按传统的浮华城（Tinseltown，指好莱坞）标准，她几乎过了女一号的黄金期——而她还是单身，过着来去无牵挂的生活。凯莉是著名的性专栏作家、派对女郎，是虚构的社交名流，更是那类如鱼得水的纽约客，穿梭于画廊和餐馆开幕典礼，边工作边享乐，寻找专栏灵感的同时也在找寻钻石王老五。剧组服装师帕翠西娅·菲尔德（Patricia Field）将高级时装和街头潮流搭配在一起，令人拍案叫绝，凯莉穿着这样的服装，简直随心所欲。她不用负什么责任，既无家庭拖后腿，也没嗷嗷待哺的孩子，因而可以把收入用来买性感的高跟鞋。尽管98集电视剧都是围绕着凯莉寻觅意中人（比如大先生）展开情节，但在大多数女性观众看来，凯莉就是时髦、风趣、满怀后女权主义自由精神的楷模。

在《欲望都市》首播时，萨拉·杰西卡·帕克也算是众人皆知的名字，但34岁的她距离真正的一线明星还差些火候，所以她尚能专心在电视业发展。她是童星出身，曾经与小罗伯特·唐尼（Robert Downey Jr.）、小约翰·F·肯尼迪（John F. Kennedy Jr.）等小报追逐的男人约会过，1997年她与马修·布罗德里克（Matthew Broderick）结婚，他们低调、没什么噱头的婚姻让她得以避开了小报的骚扰。帕克有着非常规意义上的美貌，不完美，却又完美地迎合了女性粉丝的需求，而不会对她产生疏离感。她与布拉德肖这个角色浑然天成，以至于观众以为自己可以和她一边喝酒一边倾诉秘密。虚构的女性角色和女演员之间的那条线变得暧昧模糊，由此凯莉·布拉德肖/《欲望都市》的品牌效应远远超过了帕克本人——这个信号意味着电视剧迅速培育出了一种类似宗教的地位。[1]

“这个都市”当然指的是纽约城，那个有钱人、不安分者、享乐主义分子、波希米亚人的游乐场。电视剧向生活在曼哈顿区之外的人描画了数不清的时髦设计师店铺、高级酒吧，当然，还有扣人心弦的单身女郎故事，哦，它们被拍成了撩人的伪旅游风光片。然而，在纽约本地居民看来，这着实是脱离现实的粉饰。“在纽约我认识的人中没谁看《欲望都市》，”英国移民丽贝卡·米德（Rebecca Mead）2001年在英国《卫报》的一篇报道中说：“观众只喜欢肥皂剧的某些内容，引起她们共鸣的剧情就是女主角们关心的问题——什么都没有脚上的鞋更重要。”实际上，这个特殊阶层的女性的嗜鞋癖，最早在坎

1　当然，没多久萨拉·杰西卡·帕克的个人商业能量就全面爆发出来。“很难准确说清楚凯莉·布拉德肖品牌何时转换成为萨拉·杰西卡·帕克品牌，但转变确确实实发生了。”薇姬·伍兹（Vicki Woods）在2010年为《时尚》杂志撰写的一篇帕克个人专访中写道。到此时，这位从前的小屏幕明星已经发布了数款香水产品，并被任命为时装品牌侯司顿的首席执行官。（作者注）

迪斯·布什奈尔的专栏里有所描述，然后在HBO的电视剧中为了取得喜剧效果作了夸张，带有明显的纽约中心论。据获奖剧装设计师苏蒂拉特·拉拉柏（Suttirat Larlarb）观察："在纽约这个地方，我们不会有车，所以鞋子和包就成为身份的象征。反之，在洛杉矶，车显示了你的地位。在纽约，我们要在地铁站台、公交车站等车，要走很多路，那么鞋子就是你炫耀的资本。这甚至是无意识的选择。"花几百美元买双鞋——有时要穿着它们风里来雨里去——很大程度上就像开辆宝马车：一旦车钥匙打了第一次火，车就贬值了。在不识货的人看来，贵的鞋子只是看着漂亮而已，尽管价签和鞋子之间开始有了情感上的联系。

通过电视剧，鞋子提供了试金石，不仅充满亮色和欢愉，对主人公也极为重要。凯莉35岁生日那天，身旁没有男友或丈夫陪伴，只有去购物："没有真正的灵魂伴侣，"帕克（也就是布拉德肖）在每周播一集的旁白中自嘲，"我就和我的鞋子灵魂伴侣——马诺洛·布拉尼克消磨了一下午。"凯莉遇到了意外抢劫，她相信是最近那段恋情带来的报应，因为高跟鞋竟成为抢劫的目标："把你的马诺洛给我！"持枪劫匪意图明确，凯莉很震惊，强盗居然叫得出鞋子的牌子，便和他谈判，说鞋子是自己的心爱之物，是在样品折扣会上半价买到的。（尽管马诺洛声称自己从来没有看过这部电视剧，但也注意到了这个桥段，说它安排得“太巧妙了”。）在《欲望都市》的小宇宙里，凯莉的马诺洛支撑了她的自尊，除了马诺洛高跟鞋让她看起来更高、更苗条、更有女人味，它们还是证明她独立的证物：她能支配自己挣来的钱，让自己开心。电视剧第六季第九集最是开宗明义，这一集的剧名叫“女人的鞋子权”（*A Woman's Right to Shoes*），剧情主线现已成为以穿高级鞋子为荣的女人的信条。这一集的片头，凯莉化身宣扬时髦欢快的单身生活的海报女郎，抱着大盒礼物去参加迎婴派对。新妈妈琪拉（由塔图姆·奥尼尔（Tatum O'Neal）饰演）满脸堆笑地请凯莉脱下鞋再进入她纤尘不染的公寓。凯莉勉勉强强脱下她那双银色的鱼嘴细高跟马诺洛鞋，放进一堆别的客人脱下的黯淡无光的鞋里。当凯莉的新鞋不翼而飞之后，琪拉并不同情，相反，在凯莉说出鞋子的价格为485美元后，她说她不想对客人“奢侈的生活方式”负责。午餐时，凯莉告诉女友们她“因为鞋子被羞辱”，不过，半小时的剧集结束后，她终于接受了自己的选择、物欲等。鞋子成了坚持自我、特立独行的隐喻。“有时单身女子这条路并不好走，”凯莉决心要回自己的鞋，她给琪拉电话留言说凯莉·布拉德肖要和自己结婚了，贺礼在马诺洛·布拉尼克店里：“因此我们偶尔需要一些特别的鞋子，让这条路走起来多一点小小的乐趣。”

“女人的鞋子权”于2003年8月17日首播。此时,《欲望都市》已经大红大紫,所谓“鞋子情结”——这一观念不分年龄、种族、阶层、婚姻状态,让女人从买鞋、穿鞋中获得了别样的快感——被广而告之,并被嵌入文化版图。“《欲望都市》向一个从来没有对鞋子痴迷过的女性群体鼓吹了鞋子迷恋。”一位在高级百货公司工作了14年的销售顾问言之凿凿,他观察到,在剧集越来越受欢迎的同时,顾客的倾向也发生了变化。随着凯莉鞋子藏品的增加,有若干调查报告研究了这所谓的女人与鞋子之间的关系,更强化了一个观点,即“每个女人心中多少都藏着一个伊梅尔达·马科斯(Imelda Marcos)”——正如时装技术学院博物馆馆长瓦莱丽·斯蒂尔所指——或者说,如果这位前菲律宾第一夫人,曾经的灰姑娘,没有以这样那样的手段等到水晶鞋,也不会对一个男人施加魔法般的诱惑。鞋子,在女性群体中通常充当了不那么正式的友情源泉,如今也得到了正式认可。换句话说,不管女人是不是早就用鞋子作为交谈的开场白(就像这句话,“我好喜欢你的鞋子!”),抑或将其视为感情融洽的纽带,《欲望都市》的横空出世,以及它所产生的涟漪效应,均让大众产生了一种印象:女人都爱鞋子,她们的共同点就是都有这一个人化的偏好。

由于《欲望都市》把单身女郎的生活美化得精彩绝伦，于是有个问题引起了争论：如果仅仅为了身边有个男人陪伴，某物——或某人——不那么理想，还值不值得为此委曲求全。事实上，一些男性观众对电视剧持有负面评论，部分原因是尽管电视剧颂扬了女性友谊，却也视男人为招之即来挥之即去的一次性用品（第五季第六集中虚构了一个情节，角谷美智子[1]评论了凯莉新出版的专栏结集，就明确地持有批评态度）。然而，毋庸置疑，年轻女性在看电视剧的时候会对四个女主角挥金如土的生活艳羡不已，在她们的生活中购买男人和购买鞋子都被赋予了同样激动的期待，似乎这座城市已被精品百货公司波道夫·古德曼主宰。布什奈尔自己也坦承，她的作品确实反映了她和同龄人真实生活中的冲突："在20世纪80年代之前，"有次她在斯坦福大学对一位听众说，"女性去上大学是为了得到M.R.S.[2]，突然之间，她们开始追求货真价实的文凭，要求真正进入职场。这导致她们与男性之间的关系发生了诸多变化，于是我们便成为非常、非常困惑的一代年轻人。"

至于马诺洛·布拉尼克，强势、勤奋的职业女性之所以被他的鞋子吸引，是因为她们的能力得到了立即的展现和提升。"这近乎于演员进入了角色，"布拉尼克曾如此阐释他的设计，"它是剧院，它是一种迅速入戏的表演。买我鞋子的女人，一

1 《纽约时报》著名书评人，2017年7月退休。（译者注）

2 一个虚构的、通常带有嘲讽意味的"学位"，指某些女人上大学一门心思只为了将来找到理想的丈夫，比如4年学业结束后，就从布拉德肖小姐变为约翰·詹姆斯·普雷斯顿夫人。（作者注）

天下来筋疲力尽，她要工作，于是她穿上了我的鞋。我不是心理分析师，我不过是明白鞋子里包含着一种元素，叫欲望。快速搅拌棒就是高跟……你蹬上高跟鞋，立刻就想迈步走。”他美国公司的CEO乔治·马克姆斯（George Malkemus）陪在一旁，此人从1982年便取得了马诺洛品牌的北美和南美经销权——这位鞋匠建立起了一个1亿美元的帝国，至今仍是私人所有的公司。布拉尼克称他的公司只是“一个小小的家庭产业”。在产品设计这方面，布拉尼克远不止亲力亲为：有人问他：“到意大利视察工厂的时候是否仍会把手搞得脏兮兮的？”他惊呼：“脏兮兮！……老天，真的是经常脏乎乎的！厂里有锁子甲手套，可以保护手。但戴上那玩意儿我就不能干活了，所以有时候也很危险。这样我的手就很容易受伤、溃烂，看上去和工人的手没两样。”

从诸多流传的马诺洛·布拉尼克的故事看，他对鞋子怀有更高远、更淳朴的志向，为此散发出僧侣般的自我牺牲精神。这位设计师是禁欲主义者：“（性）在我的生活中并不是头等大事。”1998年记者萨拉·莱尔（Sarah Lyall）为《泰晤士报》撰写的一篇文章中，布拉尼克说，“你知道，有些人认为性至高无上，但我并不以为然，除了认可它可能有一种功能，放松的功能。性根本就是无意义的；是的，它只存在于你的想象里。

在我的想象中也有着绝妙的性爱活动……但我不会真正与人演练……我把我认为是性的一切元素都放进我的鞋子里了。”有趣的是，尽管《欲望都市》以漫画般的直白让女人与鞋子日渐密切、强化的关系引起了众人的关注，但一个不容忽视的群体却在讨论中被挤到越来越边缘的境地：那就是男性。奢侈品牌鞋子，按某种说法，它们出现在20世纪90年代末和21世纪初期，逐渐被涂抹成女人纵容、溺爱自己的道具：女人们都很垂涎的这种东西，对其伴侣并没有吸引力，却取悦了女人自己。在所有涉及高跟鞋、性别、男性角度的女性审美等讨论中，男人逐渐被排挤出去，成为一头雾水的、视买鞋为怪异的女性“运动”的观察者，如果胆敢侧目便会遭到围攻，他只要交出信用卡就好。用来描述女人珍爱鞋子这种情感的语言，通常都倾向于将之讲成爱的故事：“如果你想知道是什么让时髦女郎心旌荡漾，只需看看她们脚上的鞋。”安妮-玛丽亚·施洛（Anne-Marie Schiro）写道，她报道了1998年奢侈品牌鞋子专卖店大量涌入曼哈顿中城的现象，其中提到，马诺洛·布拉尼克的专卖店从西55街的小门脸搬进了西54街的一幢五层排屋。“鞋子是不那么低调的欲望载体，导致很多女人把逻辑扔进风中，愉快地屈从了诱惑。这方面鞋子的能量甚至超过了服装。”把“鞋子”一词换为“摇滚明星”或者“王子”，这种情感仍然成立。

麦当娜言称马诺洛鞋“像性爱一样美好，而且它们带来的快感更持久”。2007年《时代》周刊发表了一篇题为《谁还需要一位丈夫？》（*Who Needs a Husband*？）的文章，作者塔玛拉·爱德华兹（Tamala Edwards）报道了一个人数越来越多的女性群体，她们的“单身是经过选择的”；财政独立和情感上的自我满足让她们没有意愿迈向婚姻，除非对这段恋爱关系感到非常满意。“婚姻不再是既有的形态，比如随着时间变得更稳定，或者是经济促进体。”全国婚姻计划项目（National Marriage Project）的一位代表也证实了这一点。“婚姻变成了精神层面的事情，贴上了诸如‘最投契的朋友’和‘灵魂伴侣’的标签。”

2007年，有超过40%的成年女性从严格的法律意义上讲是单身，这个数字包括与同性或异性爱人同居的女性。可以这么推测，其中只有很小比例的女性过着凯莉及其女友们那般五光十色的生活。电视剧聚焦在三四十岁的成功女性，耳目一新之处是她们富有得令人信服，角色被设计成律师、公关精英、画廊所有人，都没有经济负担，进得起时髦餐馆、买得起400美元一双的鞋子，这种剧情设置并不让人觉得过分。电视剧也招致了批评，因为凯莉，她只是一个周刊专栏作家，却挣到了足够多的钱来享受挥金如土的生活方式，这是不太可能的。为此，在第四季作者就这些使人生疑的财政安排作了回应，也只是少有的几次明确涉及角色财务状况的剧情。电视剧带来了一个社会效应，现实生活中的单身女郎们并没有努力发展事业以便过上《欲望都市》式的生活，反而学会了猛刷信用卡一双双地买马诺洛。2001年，朱莉·弗莱厄蒂（Julie Flaherty）在其文章《对年轻单身女郎而言，节俭是一种过时的美德》（*To Young Single Women, Thrift Is a Dowdy Virtue*）中写道，“（在最近的一个）全国范围（调查中），53%被调查的（年龄在21—34岁）女性回答说，她们过着拆东墙补西墙的生活，3/4的人认为，看上去很成功对其而言非常重要。54%的被调查者说她们更倾向于攒30双鞋，而不是存3万美元的退休储蓄金。”

作为一种文化，当女人没有找到丈夫而错过了她的婚姻最佳时期，因此会遗失什么，这就值得注意了。电视剧指出了可能会得到什么：财政有了灵活性。特别是凯莉，鞋子说清楚了一切，她一个人挣到的钱可以随便花，可以用来买鞋。她从来没有选错过生活道路，没有选错过男人，她要犒劳自己。她宁愿选择马诺洛·布拉尼克。

电视剧里，买鞋行为演变为一种反抗行为，一种个人自主权的宣言。这给本已激烈的高跟鞋讨论又火上浇油：眼花缭乱的鞋子成了女权的配饰，或别的什么愚蠢的、不可理喻的东西，它是不是被这个男性主宰的世界强加给女性的？瓦莱丽·斯蒂尔认为，高跟鞋从本质上来说既不能“赋予权利也不能取消权利”，但是看看女人如何花掉辛苦挣来的钱也能瞧出端倪，她们恣纵己意，像男人历来惯常做的那样。“美国人普遍倾向于认为把钱花在时尚产品上是一种浪费，而把钱用于别的消费品，比如手表、摄像机、家庭影院设备等，则要让人愉悦得多。不知为什么，买这些东西就不是浪费，其实你不过也只是玩它们。”她接着说：“如今有一种观念认为，女人有权为自己花钱；同时，很多女人也清楚地说出她们想拥有好鞋，她们与鞋子之间关系特别。”伊丽莎白·赛默海科作了进一步的深入思考：“有一次我从工作的博物馆开车回家，（听到收音机里）一位女士，在微软公司做高级管理人员，正在讲她并购雅虎网站就像买一双高跟鞋。惊得我差点把车开到沟里！喔——男人们习惯用体育运动的隐喻来解释商业交易，我不知道是不是从一开始就这样？再一听到这位女士用时尚消费的隐喻——并没有用揶揄的口吻——（让我很疑惑是不是）我们已经实现了某种形式的平等。”《欲望都市》里的女士们寻觅鞋子，在寻觅中她们获得自信，决定自己喜欢什么、不喜欢什么、得到了什么，还有什么仍然需要奋斗。“有趣的是，她们不追求珠宝，”斯蒂尔强调，“（但是）珠宝是那种非常传统的东西，珠宝是男人买来送给女人的。这和花500美金买一双鞋是一回事。没错，你可以开玩笑说，你买这么多鞋子花的钱都能买一间公寓了——但现实是，如果你在琢磨顶级珠宝，那么你就真的需要大先生了。”

然而，一些批评者认为，电视剧用表面的“赋权”修辞掩藏了骨子里根深蒂固的保守：追根溯源，衡量女人成功与否看的还是她找没找到丈夫。第一部《欲望都市》电影让讨论更加复杂化。在凯莉和大先生出价买下一套新的大公寓后，决定去一处不提供非必要服务的市政厅举行结婚典礼，将关系合法确定下来。但在即将成为新娘之际，这个男人却突然失去控制，疏远了凯莉。大先生有过两次失败的婚姻，长年患有誓言恐惧症，想到婚礼的烦琐更是害怕，又畏惧改变，于是丢下凯莉落荒而逃。在影片剧情发展中，凯莉试图忘掉大先生，直到一双马诺洛——“蓝色的”浅口高跟鞋，她准备用它们来搭配定制的薇薇安·维斯特伍德婚纱——让他们破镜重圆。大先生再次求婚，将一只鞋套在凯莉的脚上，结果便搞定了。这再一次提出了疑问：穿高跟鞋的终极目的是否为了套住丈夫？（或许，按幽默作家帕特西亚·马克斯（Patricia Marx）在《纽约客》杂志上发表的关于2008年秋季鞋子潮流的文章中说："这位胜利者，紧紧抓住了她的战利品——名义上，是不知左脚还是右脚的一只鞋——接着就会遇到一个闻声而来的年轻男售货员，他会问，'你需要一对儿吗？'当然要了，可能这就是鞋子真正的功用，就连灰姑娘辛迪瑞拉也门儿清。"）这双镶有水晶方形装饰扣的蓝色丝缎浅口鞋挽救了凯莉和大先生的关系，当然他们也不会有损于马诺洛·布拉尼克的形象。布拉尼克称那双"傻气的鞋"——他经常用这个饱含喜爱情感的说法来戏称自己的设计作品——售价895美元[1]，使得2008年成为公司"最好的年景"。

一部广受欢迎的电视剧能成为强劲的潮流发动机，《欲望都市》开了先河。同时它也提醒了制鞋行业，有合适的女人充当好样板，足以说服普通消费者纷纷花费数百美元购买一双高端品牌的鞋子。1996年，周仰杰（Jimmy Choo）还不过是不名一文的马来西亚制鞋匠，在伦敦哈克尼区（Borough of Hackney）开了一个铺面，有一爿小小的定制生意。他是家里第二代鞋匠，凭借高超的技艺和精妙的细节处理赢得了一位最高端的客户——戴安娜王妃。戴安娜与查尔斯王子结婚后，定期需要高雅的新鞋应对各种公开露面的场合。（周仰杰会为她

1 电影中这双鞋售价525美元。（作者注）

提供一整箱的样品鞋，哈利小王子总是很勤快地帮妈妈搬到车上。）周仰杰妻子的侄女蔡姗卓（Sandra Choi）在中国香港祖父母身边长大，在17岁还是叛逆少女时来到伦敦，与姑父一起生活。她申请进入设计学校学习时装设计，又在姑父的公司做了一段时间的兼职工作后，她最终决定退学，在姑父的公司里做全职工作，叔侄二人在时尚圈里创立了吉米·周（Jimmy Choo）品牌。塔玛拉·耶尔戴（Tamara Yeardye），她婚后改姓叫塔玛拉·梅隆（Tamara Mellon），第一次看到吉米·周的鞋是在英国版《时尚》杂志上。梅隆的母亲曾是香奈儿5号香水的模特，父亲汤姆·耶尔戴（Tom Yeardye）是企业家，他与朋友维达·沙宣（Vidal Sassoon）共同在美国开创美发业，积累起了财富。她的老上司，英国版《时尚》杂志的前时装总监萨拉基恩·霍尔（Sarajane Hoare）告诉《名利场》（*Vanity Fair*）杂志，梅隆"对鞋子有超常的迷恋，迷恋的程度甚至超过了时尚杂志的标准"。梅隆还有轻微的药物和酒精依赖问题，1995年曾进过戒疗中心。

戒酒戒药6周后，带着焕然一新之感，梅隆琢磨，自己或许是帮助吉米·周做商业运营的合适人选。之前她在英国版《时尚》任配饰编辑期间，已经与周仰杰和蔡姗卓建立了良好的人际关系。更有利的是，在女士奢侈品鞋履市场上，马诺洛·布拉尼克几乎没有竞争对手，这让梅隆轻易就能拉到投资；后来汤姆·耶尔戴开玩笑说，最初投这25万美元只是一种策略，他已经为妻子、女儿的嗜鞋癖花了很多钱，不妨再多花一些。当梅隆与周仰杰、蔡姗卓接洽时，他们大为震惊，建议她不如先和他们工作一段时间，以便了解一下这个行业再说。梅隆是蔡姗卓所说的那种"富家小姐"，她并未感到气馁，很快拿出了她的投资，新三人组——周仰杰、蔡姗卓，还有梅隆——定下任务，推出吉米·周的第一个正式系列。

在梅隆的设想中，计划会顺利进行，不过他们迅速就遇到了障碍。周仰杰持有老派的勤勉谨慎作风，习惯了先制作出样品，然后再根据顾客的个性化要求加以改动、调整。他对潮流不关心，他从一开始做的鞋就是英国上流社会的女人用来搭配高级时装的配饰，而不是为整体造型进行补充的单件配饰。（2005年，设计师迈克尔·柯斯（Michael Kors）为美国版《天桥风云》（*Project Runway*）的电视观众介绍了时尚圈中带有轻蔑意味的一个说法："染色搭配"（dyed-to-match），指从头到脚的全套装扮，柯斯一再说这种"配套"（matchy-matchy）打扮实在太死板、太一本正经了。）周仰杰勉为其难地设计了一个系列，蔡姗卓本来更多地负责公司的管理工作，这时也不得不参与到设计中。她展现出的设计才华让梅隆终于松了一口气，梅隆设想要创建一个新的知名奢侈品牌，希冀超过布拉尼克这种低调谦逊的独立品牌，最终按古驰（Gucci）的大型品牌模式发展出多样化的产品线。在推广宣传公司的同时，梅隆也勾勒出一个特别的顾客群：一个时髦的、成功的女性群体，“有很多机会穿高跟鞋”。换句话说，她们欣赏自己。很快，梅隆策划出一种品牌叙述，帮助吉米·周品牌在鞋履市场中开辟出一块生存空间；马诺洛仍然自负保守，还在为身材瘦削、享有特权的妈妈们做鞋，而吉米·周为先锋另类的It Girl、头等舱女郎们提供了完美的设计。

然而，对马诺洛·布拉尼克来说，梅隆和蔡姗卓——据说她俩共同设计——说得太多，创新反而不足。（周仰杰在2000年获得英国时装协会（British Fashion Council）颁发的年度最佳配饰设计师后，于2001年将个人所持的股份以2 500万美元出售给了春分奢侈品控股有限公司（Equinox Luxury Holdings）。周仰杰与梅隆合作那些年一直纷争不断，他离开公司后，重新开始了自己的定制业务。蔡姗卓继续保持与梅隆的合作关系，导致叔侄之间引发了矛盾摩擦。）布拉尼克认为，在奋力与他争夺顶级鞋匠称号的竞争中，吉米·周的两位女士多次偷偷摸摸近乎抄袭他的设计，令他很不舒服。不管怎样，也不论批评梅隆和蔡姗卓的人是否相信她们真的是富有开拓性的设计师，这对双人组着实深谙品牌推广的艺术。为了保证名人轻轻松松就能穿上她们的鞋，在奥斯卡颁奖礼之前数天她们便在贝弗利山半岛酒店租下客房，布置成新潮的沙龙，便于造型师、传媒人士、It Girl前来预览、挑选鞋子，为即将到来的盛会借走看上的鞋。她们为前来的明星准备了午餐会和典礼前晚宴，但真实的用心明显还是红地毯，走在红毯上的女明星将被摄像机、照相机摄入镜头，会被追问她们的行头。黛娜·托马斯（Dana Thomas）在她的《奢侈的：奢侈品何以失去光泽》（*Deluxe*：*How Luxury Lost Its Luster*）一书中写道："正如蔡姗卓所指，大多数情况下人们不会注意到藏在长礼服裙摆下的吉米·周精品鞋，但只要女明星逮住机会，都会向电视台主持人或记者提及她穿的是吉米·周的鞋子，并稍稍露一点脚踝让大家看看鞋子。……红毯秀结束的第二天早晨，吉米·周以及其他打扮了明星的大奢侈品牌会给全球的媒体发一封电子邮件，是新闻通稿，稿件中有哪位明星穿了吉米·周鞋子等细节，通常还会附上一张红地毯上的照片。"不出几年，以奥斯卡典礼前的现场专题报道为特色的有线电视网E！，首次推出了一档《足下风光》（*Shoe Cam*）节目，以20世纪40年代的黑色电影风格拍摄了每个明星从脚到头的装扮（图42-43）。

图42→p89
周仰杰设计的长靴。

图43→p90
周仰杰设计的拼色鞋。

17

寻找红宝石鞋

The Search for Ruby Slippers

（2000 年至今）

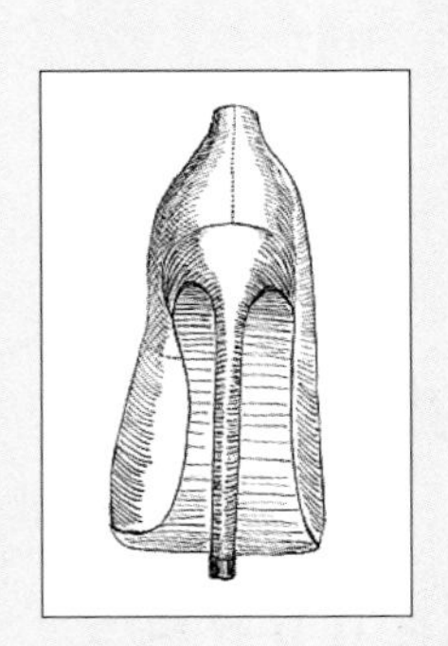

2000年5月24日：
纽约州，纽约市

当大众对于鞋子的关注达到前所未有的新高度之际，一款令人心动的经典浅口鞋又回到了人们的视线中。曼哈顿中城，一个春天的早上，纽约东区的佳士得拍卖行拍卖了一双原件红宝石浅口高跟鞋。这双鞋原来的主人是罗伯塔·杰弗里斯·鲍曼，1940年她在孟菲斯市举办的全国性选美比赛中胜出，得到一双红宝石鞋，到20世纪80年代末，她把这双鞋出手了。在她的这双鞋即将面临第二次易主之时，另一双红宝石鞋则安然地接受着公众的欣赏。1970年，一位匿名买家在米高梅电影公司的拍卖会上买下了这双红宝石鞋，并将鞋子捐给了华盛顿特区的史密森尼博物馆（Smithsonian museum）。在博物馆的“美国文化标志”（*Icons of American Culture*）展览上，红宝石鞋与《芝麻街》里的大青蛙柯密特（Kermit the Frog）和爱发牢骚的奥斯卡（Oscar the Grouch）、拳王杰克·邓普西（Jack Dempsey）和乔·路易斯（Joe Louis）的拳击手套、短道速滑运动明星阿波罗·大野（Apolo Ohno）的速滑冰鞋并列一起，光芒闪耀。红宝石鞋摆在宝克力（Plexiglas）树脂玻璃展柜里，搁在一块电影里用过的黄砖路面上，观众进入展厅看到的第一件展品就是它。不计其数的

参观者纷纷前来向鞋子致敬，以至于展柜前的地毯都换了很多次。

多亏服装师肯特·华纳，20世纪70年代他在米高梅的剧装间找到了多萝西的几双道具鞋，其中有4双是红宝石鞋的“原件”，由此进入了收藏界的档案。更有谣传说，还有好几双通过地下渠道在交易。佳士得拍卖会的这个早上，收藏家大卫·艾尔柯比（David Elkouby）来到了纽约，对于能否拍到这双鞋他并无太大把握。艾尔柯比是洛杉矶人，他私人收藏的纪念品装满了五千平方尺的仓库，数量之巨令人咋舌，其中包括自20世纪60年代以来的蝙蝠侠和罗宾电视节目的道具服装、查尔顿·赫斯顿（Charlton Heston）在《十诫》中穿过的袍子，以及相当数量的玛丽莲·梦露的戏服。同为数众多的收藏家和影迷一样，艾尔柯比也领取了自己的竞拍牌。“但之前拍卖行已经有人跟我讲，据说比尔·盖茨也会通过电话竞拍，”谈到那天的情况时他说，“如果比尔·盖茨也参与，我们可能就没戏。”拍卖在令人兴奋的喧闹声中开始了，但那些潜在的买家不再全神贯注地跟着竞拍了。木槌落下，居然让艾尔柯比拍中了，他觉得自己就像是中了头彩：“（在拍卖会上）有时会莫名其妙——我得说，这种事发生过几次——你坐在竞拍席上，眼睛看着什么东西，但脑子却在一刹那走了神。电话那头的人应该就是这样吧！结果就是，OK，卖出！砰的一声，归我们了！我从来没想到我们能得到这双鞋。真是没想到！我以为我们根本没有机会。结果居然成了。”

大卫·艾尔柯比和他的合伙人以666 000美元的最终成交价拿下了这双鞋。对不感兴趣的人来说，这绝对是个大价钱；但让有意愿投资这双传奇红宝石鞋的人来看，这个价码即便不算是捡了个便宜，也合适了。艾尔柯比认为红宝石鞋“是影迷收藏品中的圣杯”；无独有偶，朱迪·嘉兰纪念品的最大私人藏家、JudyGarland.com网站的所有人迈克尔·斯沃特（Michael Siewart）也将红宝石鞋誉为“稀世珍宝”，称它带我们回到另一个更纯真的时代，在那个时代政治和宗教问题还没有形成水火不容的对立。纽约佳士得拍卖行资深副总裁、好莱坞文化偶像收藏部（Iconic Collection）总监凯茜·艾尔凯思（Cathy Elkies）认为，在好莱坞的道具名单上，可与红宝石鞋相提并论、都具有历史和情感价值的，或许只有玫瑰花蕾（Rosebud）——《公民凯恩》（*Citizen Kane*）中的玫瑰花蕾牌雪橇——以及马耳他之鹰：这两件道具都像红宝石鞋一样，在经典电影中起到了连接关键情节的作用。她说，多萝西的鞋子“是电影史上最有辨识度的符号之一，它们（被）赋予了价值——很明显还在逐年提升——但这并不意味着人人都玩得起这个游戏”。换句话说，不是每个影迷，不是每个《绿野仙踪》发烧友都能掏出几十万美元，玩儿似的给自己买一双红宝石鞋。它们在拍卖会上喊出的价格越高，在集体想象力中就越发显得特殊、知名。

然而它们确实名不虚传：2008年秋冬时装周期间，世界上最负盛名的一些鞋履品牌，有马诺洛·布拉尼克、克里斯汀·鲁布托、罗杰·维维亚、塞乔·罗西（Sergio Rossi）、斯图尔特·威兹曼（Stuart Weitzman）以及周仰杰，各自呈上一件红宝石鞋的设计，它们独一无二，富有现代感，在萨克斯第五大道百货公司展出，随后又在曼哈顿绿苑酒廊（Tavern on the Green）举行的《绿野仙踪》上映70周年纪念派对上被拍卖，全部收入25 000美元捐给了伊丽莎白·格拉泽儿童艾滋病基金会（Elizabeth Glaser Pediatric AIDS Foundation）。很多网站、脸书用户、影迷俱乐部，甚至eBay上的店铺都为多萝西的鞋子投了标——种种迹象表明红宝石鞋热远远没有衰退。

艾尔柯比指望着借机发财。他是个生意人：他不仅是一个狂热的好莱坞道具收藏家，也是现实主义者，懂得红宝石鞋就像炙手可热的房产，最终能带来可观的收益。他宣称总有一天会把红宝石鞋彰显于天下，实际上鞋子一到手就被锁进了保险柜，一年只见一次天日，那是保险公司的代表前来检查它们是否安然无恙。如果你相信过去，那么艾尔柯比和他的搭档收回投资就不成问题，还能赚一笔，这可是笔好买卖。想想，鞋子可不像坚实的高楼大厦，能世代流传，它只会越变越旧。也就是说，红宝石鞋的文化价值似乎不是十分合乎情理。人们对“昔日好莱坞的优雅”的盲目崇拜越发高涨，也认识到朱迪·嘉兰的遗产每过一天就增加一份力量。总而言之，鞋子是有魔力的，这种魔力经过历年来童话故事的阐释，不断修正，以适应我们变化的价值观。即便红宝石鞋落满灰尘，变得暗淡无光，鞋子仍然在集体想象力中熠熠闪光。尽管鞋子的选择越来越多，商店里、网络上、博客中、大街小巷间随处可见，但人们仍然锲而不舍地想找到一双完美的、有革命性的鞋子，热切地把它们穿到般配的脚上，为自己带来莫大的满足。

恰如那双真实的红宝石鞋，完美的、令人梦寐以求的鞋子越来越昂贵。从进入新千年后到2008年华尔街崩盘的这段时期，经济迅猛增长，造就了名人文化的无所不在以及繁荣。明星们变成了他们喜爱品牌的会发声的、行走的广告牌。消费者在互联网的加持下，越来越了解时尚，凯特·莫斯、西恩娜·米勒（Sienna Miller）、奥尔森姐妹玛丽-凯特和阿什莉（Mary-Kate and Ashley Olsen）、布莱克·莱弗利（Blake

Lively）、钟小姐（Alexa Chung）等It Girl只需提一下设计师的名字，就能改变他们的命运。虽然高级时装的T台长期都是精英们的领地，但时尚网站提供的虚拟秀场已经让时装界不再那么神秘，并且以一种全新的、彻底的方式被民主化。虽然多数时候名牌时装的价格仍然令人却步，但像鞋子这样的配饰已经能够提供一个准入的门槛，让普通消费者感到自己不是只能把脸贴在橱窗上艳羡不已的局外人。高级定制礼服依然难以企及，但普通人假以时日，也能攒够钱买到一双高端品牌的绑带凉鞋。

过去的10年见证了帕丽斯·希尔顿（Paris Hilton）的一夜成名，一个（抱着小狗的）年轻姑娘即将继承家族酒店生意带来的3 000万美元财产，对自己唾手可得的财富，她感到心安理得。“这个世界上没有人像我这样，”帕丽斯在2006年宣称，“我认为每个时代都有一个金发偶像，比如玛丽莲·梦露和戴安娜王妃，当今时代，就是我。”艾略特·敏茨（Elliot Mintz）曾做过帕丽斯的公关，他将帕丽斯无人能比的优良特质比作“光”，认为大众并不能触及她的本质，所以不能客观地评价她的辉煌。虽然是光，她还是参加真人秀抛头露面，放浪的生活方式——不只是经济方面，还有其他方面——尤为被粉丝推崇。帕丽斯承认，她买高端鞋有些麻烦，倒不是因为买不起："我特别讨厌我身体的一个部分。我有双11码[1]大的脚，这太麻烦了。每次我看到名牌店里那些超级可爱的鞋子，什么古驰、圣罗兰、马诺洛，只要店员找出我要的尺码，它们看上去就像小丑穿的。"不过这也没有妨碍她一次在纽约走进帕翠西娅·菲尔德的时装店，看到一双售价1 000美元的浅口高跟鞋，说服店员把这双鞋白送给了她，当然她也买得起。"因为我要是穿上这双鞋，你知道所有杂志都会登出来，每个记者都会写到它。"

2008年，潮流分析家艾尔玛·赞德（Irma Zandl）坚信，市场推广行为将会越来越受到明星们的驱动，消费者更容易被他们喜爱的明星所代言的产品吸引。代言可以是正式的，要么是明星拿了报酬成为品牌的代言人，要么是为了答谢设计师出借或赠送了自己时装，明星走红毯或接受采访时会明明白白地提及该品牌。代言也可以不那么正式，比如在荧屏上扮演角色时穿戴了某个品牌，要么就是在街拍时被拍到自己买的单品，或者设计师期冀提升品牌的曝光量而赠送的服饰。20世纪末21世纪初，《造型》（*InStyle*）这样的杂志兴起了分析明星穿着的潮流，大大提高了读者的时尚意识和知识积累。互联网更让时尚发烧友轻而易举参与到"她穿了什么"的游戏中。苏蒂拉特·拉拉柏为电影《贫民窟的百万富翁》（*Slumdog Mil-*

1 美国女鞋的11码相当于中国的43码。（译者注）

lionaire）设计了色彩艳丽的宝莱坞式服装，她回忆：“电影上映之后，我收到某杂志的一封电子邮件，问我能不能回答几个问题。杂志想搞明白在哪儿能买到读者感兴趣的电影里的服饰，比如芙蕾达·平托（Freida Pinto）扮演的女主角拉媞卡在结尾时戴的黄色围巾。我回复说，‘呃，是这样的，这是我们为影片设计的，手工制作，所以我也不知道哪儿能买得到！’杂志上摊后，我看到他们引用了我答复的话，基本上就是说仅此一件，但是我们有类似单品的建议。然后我上网看了一下，很多人在讨论这事儿：‘我在Pier 1 Imports购物网站见过，你不妨去看看，还有我在塔哈瑞（Tahari）的店里见到过。’嗨，每个人都在想方设法找到类似的围巾，我觉得这事儿实在太好玩了。”希拉里·罗森曼（Hilary Rosenman）和芭利·布丁（Barry Budin）是大学同学，她们在2007年创立了自己的鞋履品牌麦迪逊·哈丁（Madison Harding）。在林赛·洛韩（Lindsay Lohan）——当时她还是行为楷模——被拍到穿着自家品牌的带流苏平底凉鞋后，她们第一次亲身领教了名人的能量。之前她们一直在拼力打造自己的品牌，自打《造型》和《人物》杂志拍到这个红发It Girl穿她们的鞋子后，她们的产品就打入了高级百货公司诺德斯特龙（Nordstrom）。

谈及从甚嚣尘上的名人文化中获益，没有哪个设计师比得上当下奢华鞋履市场的宠儿克里斯汀·鲁布托。这是每一个天真烂漫的年轻女演员挂在嘴上的名字。如果说吉米·周的两位女士证明了在高端市场上除了马诺洛之外还有别人生存的空间，那么法国设计师鲁布托带着他700美元一双的高跟鞋横空出世，将门槛提升到了难以企及的绝对奢华、尊贵的地位。马诺洛受惠于《欲望都市》，日渐流行（也因此变得大众化），鲁布托则为最新的It Shoe填补了空白。他的鞋价格绝对超出了普通女人的经济承受能力，让人欲哭无泪。和梅隆、蔡姗卓不一样，他很少免费赠送鞋子给名人，但他的有恨天高水台、带标志性红鞋底的高跟鞋却被时尚潮人们热切追捧，娜奥米·坎贝尔、Lady Gaga、奥尔森姐妹玛丽-凯特和阿什莉、安吉丽娜·茱莉这些人可是其他设计师追都追不到的（图44）。詹尼弗·洛佩兹（Jennifer Lopez）特别钟爱他的鞋，2009年发行专辑《爱？》（*Love?*）之前还发行了一首单曲，歌名就叫《鲁布托》。歌中唱道，一个情妇忍无可忍，便穿上了她的鲁布托。这是个比喻，说的是女人勇气陡增，信心百倍要离开欺骗她的男人。2010年，意料之外的事发生了：《欲望都市》电影2倒戈投向克里斯汀·鲁布托，向马诺洛——忠诚地向凯莉·布拉德肖提供了十多年鞋子的人——道了再见。

图44→p90
克里斯汀·鲁布托设计的红底鞋。

玛丽-凯特·奥尔森对记者瓦妮莎·格里戈里拉德斯（Vanessa Grigoriadis）说，鲁布托的鞋让她想到了那种典型的童话里的鞋匠："我在《欢乐满屋》（*Full House*）片场时，最喜欢的是格林童话中那篇讲穷鞋匠的故事……当你见到克里斯汀，你才知道真有这样的人。"鲁布托自己的出身很普通，却也不乏传奇色彩。他成长于巴黎的一个工人阶级社区，有4个姐妹，母亲很宠爱他，父亲却很冷漠。他记得第一次对女鞋产生兴趣，是在国立非洲和大洋洲艺术博物馆（Musée National des Arts d'Afrique et d'Océanie）门前看到了一块在高跟鞋上打叉的标牌（因为高跟鞋的鞋钉会损坏博物馆的地面）。他还收到一份礼物，是一本关于罗杰·维维亚的书，此后便孜孜不倦追求能够加入时装屋的理想。16岁那年，迪奥录用他做位于尼斯的查尔斯·卓丹[1]鞋厂的实习生。不久，他帮助一家博物馆为自己的偶像罗杰·维维亚办了一个设计回顾展，当时维维亚已年届七旬。"那就像天上的天使在看着我。"他曾这么说。1991年他在巴黎开了自己的店。鲁布托早期事业的蓝图或许已经在星象图中写好了，今天，这个光头、有着顽童笑容的设计师却受到另一群天使的眷顾。这些女人在全球经济衰退最严重的时候还心甘情愿地掏出6 295美元，买一双绣着"Marie Antoinette"（玛丽·安托瓦内特）字样的限量版船形高跟鞋。

1 Charles Jourdan，有创新精神的法国设计师。1957年创办了自己的女装店，1959年开始给迪奥贴牌生产和销售鞋子，1976年去世。他的3个儿子仍然掌管着家族品牌的业务。（作者注）

贵妇们对他的鞋子趋之若鹜，至少有部分原因是他有老派的意味。他有自己的店铺，拒不出售自己的买卖，亲自设计每一双鞋子（圣罗兰、迪奥等大品牌并非如此，在品牌的大伞下辛苦工作的是年轻的设计师）。他不做广告，但他知道对于很多顾客而言，他的鞋子意味着一种严肃的消费，所以他愿意花时间与客人面对面，到店里与客人沟通，也举办私人派对。

此外，标志性的红色鞋底其重要性也不容忽视。要辨识马诺洛·布拉尼克和吉米·周（还有尼古拉斯·柯克伍德（Nicholas Kirkwood）、皮埃尔·哈迪（Pierre Hardy）、莱夫勒·兰达尔）的鞋，需要有素养的眼睛。但想分辨出鲁布托，只需懂一点点流行文化的皮毛就足矣。因此，穿着鲁布托鞋子的女人，不管是谁走在她身后，都能认出这双鞋，顺带就想到它三四位数的价格，接下来不由得会去想象穿鞋人的钱包有多鼓。“红鞋底的想法真是妙极了。”瓦莱丽·斯蒂尔称赞道。她在其著作《鞋子：风尚词典》中提到，这一点让人联想到“罗马的高级妓女有时候会在鞋底上刻上字，这样留下的鞋印上就会显出‘跟我来’的字样”。这种邀约显然有性意味，但也有历史先例表明，鞋底可以传达与社会地位相关的信息。19世纪，有资格骑在马背上的苏族印第安人会在自己穿的莫卡辛（moccasins）鞋子的底上镶嵌繁复的珠子图案，部落里地位较低的人走路时就能看到他们的鞋底。然而，鲁布托在谈及红鞋底的来源时，并没有引用上面说的这两个例子。记者们杜撰了两个版本的故事。一个是，一对时髦夫妇进了鲁布托在巴黎的店，那绝对是设计师愿意把鞋子卖给他们的人。他们看起来兴致盎然，但接着男的把鞋拿起来端详，翻过来看了看鞋底，很快就把鞋子放回了鞋架。最终这一对离开了，什么都没有买，于是鲁布托决意要让自己的鞋底更醒目。第二个故事中，鲁布托无意间看到一个助理在给指甲涂红甲油，心想如果能给鞋子下方也涂上闪亮的涂层，看起来一定非常漂亮。

不过他选择了红色，而不是绿色或金色，这还是有强烈的色情意味。鲁布托对《名利场》杂志讲，红鞋底是“一盏绿灯”，显然他很明白他的鞋子所隐含的性意味：“我的女顾客中一半的人希望这鞋子让她们看起来有些风骚，而另一半真正风骚的则渴望鞋子让她们看起来很高级……我认为这两种愿望让女人完整了，给了她们自身不具备的条件。”布拉尼克在谈到自己的鞋子时，也曾经发出类似的评论，说他的鞋子给穿着者带来了额外的价值。如果一个女人试了双鞋，却没有感到鞋子带来的转变，怎么办？布拉尼克对《卫报》说，“如果你感受不到魔力，那还是穿锐步运动鞋吧。”他们鼓吹的概念实际上就是说，鲁布托的红底高水台鞋也好，布拉尼克优雅的尖跟鞋也罢，无异于当代的红宝石鞋，能够激发出女人内心最好的东西。如果她尽情地挥洒自己的全部潜能，确实会有所认同。如果不认可，她权且可以守着辛辛苦苦挣来的700美元，买双看着还凑合，却不会——用时尚杂志里的套话来说——让你得到升华的鞋。

2010年9月，伦敦《每日电讯报》（*Telegraph*）有篇文章报道了英国诺森伯兰大学的一项研究。研究者让男人根据女人走路的姿态判断她是否穿了高跟鞋，初步的结果显示，男人们并不能说出其中的分别。这个研究上了头条，虽然报道称“男人并没有注意到女人是否穿了高跟鞋”，但马诺洛·布拉尼克对此不敢苟同：“正是因为（鞋子的）高度才给了女人走路时性感的韵律，这恰是男人们最喜欢的。那些说男人注意不到这点的人简直是疯了。男人看女人，第一眼看的就是女人的腿，没有什么比穿高跟鞋更能讨得男人欢心的了。男人对高跟鞋的反应，一半是平常心，一半是性变态。不过有些男人对我讲，是我拯救了他的婚姻。”

不过，如果男人注意到女人穿了高跟鞋，这意味着其中多半原因是鞋子给女人体态带来的改变，并不见得是因为鞋子本身的设计。因此可以这么说，在吸引男人的眼球这方面，一个有信心的女人走路时穿一双70美元的浅口高跟鞋，和穿700美元一双的鞋子，本质上没有什么区别。那么，既然只需花一点点钱就能从史蒂夫·马登买到类似设计的鞋子，为什么还要去买克里斯汀·鲁布托呢？一个原因可能是女人穿衣服实际上是给别人看的，她们的朋友、邻居也都读时尚杂志，看时装博客，对时装设计也有足够的知识，能够分辨出Chinese Laundry牌5英寸高的高跟鞋和吉米·周正品鞋之间差别的玄机。奢华的鞋子是意大利制造的，大路货则产自亚洲国家，二者质量上的差异是实实在在的，这往往是女人而不是男人才能分辨出来的，因为女人自己知道便宜和贵的鞋子穿起来走路会有什么不同。穿衣打扮本身带有竞争的意味——摇曳着曼妙的身姿，或者向别人宣告你的经济实力——但关注时尚的女人这个群体也因此产生了归属感。梅丽莎·奥谢（Melissa O'Shea）在2004年创立了一个“你好高跟鞋”（Hello Stiletto）俱乐部，她说，穿着漂亮鞋子的女人很享受同伴们的尊重，她们对好看的鞋子从来都不吝于溢美之词。奥谢是波士顿人，在伦敦生活了一段时间，在伦敦时她总是穿着自己最好的鞋子出门。之后她开了这家俱乐部。她和女友们举办鞋子之夜晚宴，俱乐部在她的家乡通过口口相传，引起了众人的关注。后来，她还专门创办了同名网站。媒体关注到了她，到2010年俱乐部会员已经增长到超过一万。

如今，对于热衷上网的鞋履爱好者来说，网上有无尽的资源，从“鞋海”（Sea of Shoes）——得州一个十几岁小女孩的热门博客，她拥有很多高端品牌的鞋子——到弗洛伦丝·阿兹里亚（Florence Azria）创办的电子杂志《鞋子女神》（*The Shoe Goddness*），阿兹里亚是设计师瑟奇·阿兹里亚（Serge Azria）的妻子，一个活跃的慈善家。2007年12月，有百年历史的鞋履品牌H.H.布朗（H.H.Brown）创办了另一个电子鞋履杂志，名为《奔跑吧，高跟鞋》(*Running with Heels*)，刊登有关生活方式的内容，以及关于鞋子的建议。（H.H.布朗对于这份杂志和自己的关系比较低调，但是通过传播鞋的知识，而且在定期赠送的刊物里推广自己，使品牌获益颇丰。）传统的风尚领导者《时尚》和*ELLE*杂志开始在线上扩张，但互联网也给了业余时尚博主出头的机会。她们不是专家，却把穿衣搭配的照片传到网上，向读者提供与时尚相关的建议。时尚博主们帮了那些价格适中、针对年轻人的鞋履品牌一把，比如杰弗里·坎贝尔（Jeffrey Campbell）、Surface to Air、塞舌尔（Seychelles）、80%20，都受益于新潮时髦女孩们的非正式代言。对只买得起火遍全球的H&M、Forever 21、Topshop和Zara等快时尚品牌的女孩，这些博主成了她们的偶像。2009

年，美国联邦贸易委员会（Federal Trade Commission）规定，博主在推荐和代言产品时也应该受到管制，勒令博主们“公开她们与出售产品和服务的卖家之间的实质关系”，并规定一篇博客最高可处罚金1.1万美元。在联邦贸易委员会出台规定之前，博主们已经非常有影响力，经常能从鞋履和服装公司得到免费样品。有时候博主会把产品放在自己的博客上，似乎这些东西是自己花钱买的一样。一些博主抱怨说，联邦贸易委员会的规定把矛头指向他们是不公正的，因为时尚杂志也不会因为上面印的衣服、配饰和产品支出费用——不谈媒体从业人员的道德准则，互联网提升了大众的时尚认知水平，为读者提供了新的方式好对自己想买来穿的东西作出选择。另外崛起的是一批街拍达人，他们效仿的是摄影师比尔·库宁汉（Bill Cunningham）。30年来库宁汉大半时间都骑辆自行车在纽约扫街，为《纽约时报》发掘新潮的都市人。这些特别的街拍摄影师常常蹲守在世界各地的时装周秀地外，还有就是大都会里潮人扎堆的地方，他们记录了大都市的时尚情报，而且这么做是为了能让最前沿的时髦造型迅速地传递到时尚不容易到达的地方。丽莎·马约克（Lisa Mayock）是Vena Cava and Viva Vena品牌创始人二人组之一，对她来说，所有这一切都让时尚朝着民主化迈出了“可喜”的一步，因为极为丰富的网络信息促使人们对于自己的好恶作出决定。她把业余博主的兴起称作“可与CNN相提并论”，因为专家意见也不见得是以事实为基础的，24小时不间断的滚动新闻需要无穷的内容来填充。

随着时尚世界越来越民主化，中档市场——制鞋行业里专注于出品时髦、平价，常常是一次性的鞋子的领域——也得以腾飞。这个一度被玖熙、史蒂夫·马登统领的市场如今成长迅速，这多亏了“酷女孩”顾客群的出现。她们买不起马诺洛·布拉尼克和克里斯汀·鲁布托作为日常之用，但极有时尚感，要的是新潮但价格公道的鞋子。当今，中档市场的领导者是位于洛杉矶的杰弗里·坎贝尔公司，只有7个人的团队不断推出了超过400款鞋子，其中包括实用耐穿的爵士平底鞋和鞋跟高达6英寸的镶铆钉高水台凉鞋。坎贝尔的职业生涯始于诺德斯特龙百货公司的库房，很快他晋升为品牌代表。与坎贝尔共事了7年的品牌专家泰·麦克布赖德（Ty McBride）说：“他是个潮流风向的预报员，对品牌的理解总是先人一步。”坎贝尔最终意识到，如果他“了解潮流、了解（鞋子）市场——他确实如此，还了解生产、了解销售”，那么创建自己的制鞋公司就是“自然而然”的职业方向。

坎贝尔在他的车库里创建了自己的公司，在开发第一个系列产品的同时，还要照顾妻子和3个孩子，情形十分艰难。他做过服务生，一家人苦等收入的时候也依然团结坚守。麦克布赖德说："鞋子的一个系列产品至少需要6个月时间（才能见到收入）。你向人展示你的第一个系列，拿到订单，生产，交货，碰到新的销售商，他们通常要求有30～60天的付款期。"终于，坎贝尔在展示了第一个系列的鞋子后拿到了足够的订单，让资金周转了起来。之后他耐心地一步一步树立了"杰弗里·坎贝尔"的品牌，让它遍地开花。"他为鞋子痴迷，简直是受到了鞋子的蛊惑，"麦克布赖德说，"我想当你处在他那样的中端市场，总会有一种恐惧，担心这一季的状况不太好，指望下一季应该做得还好，但如果没有好转，（那些酷女郎顾客）就不再需要你了。这真的很吓人。他不认为自己是马诺洛·布拉尼克，也不认为自己是朱塞佩·萨诺第（Giuseppe Zanotti）……那些人视鞋子为事业，他们都是传奇。坎贝尔知道我们卖的是一次性的东西，很时髦，更新换代也快。我想，如果你希望在中端市场做到最好，这是最深层的恐惧，因为一切都太快了。"

在麦克布赖德的帮助下，坎贝尔迅即攀上了事业巅峰。2008年，公司开始在网上加大投入，麦克布赖德回忆道，"那时有三件事同时发生：我们推出了自己的网站，博客和博客推广的风头正劲，还有就是经济走向低迷。经济形势很差的时候，杰弗里和我开了个晚餐会议，他忧心忡忡。而我当时的想法是，不用担心，我们现在还有很多能量，我们有两季做得很好。我想我们的竞争者会推出很多黑色的平底鞋和黑色爵士鞋。所以我说，我觉得我们应该来个大提升，我们应该给他们（顾客）想要买的东西。我的朋友们都是这样的，他们40%的鞋子是古着，40%是坎贝尔这样的中档牌子，20%是设计师品牌。他们不会重复买基本款的鞋子，而会把这些鞋拿去修，攒下钱，当他们需要参加婚礼、去见前任、外出或旅行时，就去买双马可·雅各布斯的鞋，或者他们没有的品牌。于是我们推出了'梅尔'凉鞋，这款鞋都是带子，每根带子上镶嵌有金属链、水钻、金字塔形铆钉。这款鞋影响巨大，灵感来自T台潮流，可以说一鸣惊人，成了网红产品。"

在经济衰退最严重的谷底，推出夸张的鞋款作为主导产品被证明是明智的。经济崩溃之后，鞋跟有5英寸高、针尖那么细，或者是高坡跟，有金属铆钉、大量鞋带和装饰扣的武士风格鞋子卖得飞快。这些鞋子尤为吸睛，特别当瘦腿牛仔裤和leggings大热之际，鞋子就成为全身着装的中心。瓦莱丽·斯蒂尔认为，过去几年来，鞋跟已经达到了一个新的高度，"因为可以！时尚总是在走绝对的极端——裙子尽一切可能地短，然后又开始变长，等到第二轮的时候还会变得更短。鞋跟的情况也是一样。当鞋跟能够被做得很高时，人们就去买，然后让自己适应穿着这样的鞋走路。于是，鞋跟变得越来越高。如果（设计师）能想出什么主意让鞋跟变得更高，那它们还会变得更高。”

斯蒂尔并不认可流传已久的高跟鞋高度与裙摆长度关系的说法，也不觉得是最近的经济危机影响了鞋子的风格面貌。伊丽莎白·赛默海科则持有异议，她敏锐地注意到，大萧条时期出现了鞋跟如此陡峭的坡跟鞋。在她看来，极高高跟鞋首次流行是在黑色星期二之后，20世纪70年代越战结束和石油危机后又开始流行，到20世纪90年代互联网泡沫破灭它又卷土重来，这一事实和时尚轮回的规律一致，绝非巧合。

“或许，这是因为（在经济形势窘迫的时候），人们更渴望凸显男性和女性之间二元性的性别差异，”她猜测，“或许也是因为富人们非常想让每个人知道他们是富人。或许还是因为女人们（衣服）买得少了，就想花钱投资在真正提升自己形象的鞋上。”

在80%20品牌的设计师兼创始人Ce Ce Chin来说，在新千年鞋子要获得女人的欣赏，与每种鞋子款式的细节关系不大，关键是要照进女人的灵魂，正如菲拉格慕精辟的论点所言：“这个女孩在她的生活里想去哪儿，怎样才能去到那儿？我们的鞋子如何能真正把她带到那里?”尽管亚历山大·麦昆的高水台犰狳鞋犹如异类般夸张，却深受时尚杂志青睐，它在经济萧条的时期，被置于聚光灯下，传递了一个强音：我们现在已经进入极度多元化的时代，鞋子就像穿着它们的女人一样多姿多彩。如今，只要有一款夸张的镶铆钉凉鞋大卖，就会有一款包含慈善成分的汤姆帆布鞋（TOMS）同样热销。在21世纪的第一个十年，鞋子的颜色、风格、款式前所未有地丰富，这让它们变成女人个性、身份的代名词，女人和鞋子的关系变得更为牢固。“我想要鞋子，我值得拥有鞋子，我要为自己买鞋子”——这是鲜活和广为流行的观点。就像在这之前出现的红宝石鞋，今天的鞋子是穿鞋人希望和梦想的象征，不管它象征的是财富、名望、事业成功，还是婚姻幸福，这些目的本质上都不重要，重要的是寻找内心最深切的渴望，抛开疑问、恐惧和愧疚，去努力实现它。

后记

Afterword

2010年8月，我全身心地投入写作中，当时的男友（现在是未婚夫）和我踏上了前往多伦多的公路旅行，我们将去参观贝塔鞋履博物馆。我们觉得自驾旅行要比飞行浪漫，的确如此——我们一路上驶过蔓延在北方大地上的一座座农场，田地里点缀着牛群和风车，在路边摊还买到了新摘的传家宝番茄（一个品种的番茄，这个品种不经基因改造，番茄保留了最原始的味道）。我们在尼亚加拉瀑布美国这边歇了歇脚，以雾气腾腾的瀑布为背景拍了些俗里俗气的照片。不幸的是，当我们到达边境时，我们那位戴着太阳镜的边境官员对我们要驱车一整天的决定不以为然，很凶地质问了我们一些问题，最有质疑性的问题是：你们为什么就不能坐飞机去？

两天后，我们又回到了边境。我已经采访完了鞋履博物馆才华横溢的馆长伊丽莎白·赛默海科，也已经在尼亚加拉瀑布加拿大那边欣赏了瀑布，想看看两边有什么不同（老实说，真是叹为观止）。阳光晒着我，惬意极了，也满心欢喜。当我们排着队过海关时，等得肩膀都酸了。这次遇到的边境官是个娇小的年轻女子，扎着马尾辫，年龄和我差不多。

“你们到加拿大干什么去了？”她一边检查我们的护照，一边厉声问道。我男朋友坐在驾驶座上，冲我歪了下头。

我告诉她，我去参观了多伦多的鞋履博物馆。

她竖起了耳朵。“那儿有个鞋子博物馆？”她问。

“是的，”我答道。“我正在写本书，为此去采访了馆长。”

“写什么书？”

“关于鞋子历史的书。”

她的态度立刻变了，脸上绽放出大大的笑容。“是吗？太酷了。那我得看看这本书！”盘问我一番——书的名字，什么时候出版（是以一种完全熟络的态度，而不是像警察）——之后，挥手给我们放了行。我不由得笑了，又一次想，这是多么奇妙，只要说起鞋子，就能在两个女人之间架起桥梁，就能化解最不舒服、最没有人情味的环境下的尴尬。

最常出现的情况是，当我和别人谈起我的研究，总会引发关于另一个人的鞋子的讨论；或者如果交谈的人是位男性，那么谈的就是他女儿、他女朋友或他妻子的鞋。这种故事往往都会引发“伊梅尔达式”的自我忏悔，说话的人最后会无奈地耸耸肩，好像在说，我就是喜欢这些鞋，我也不知道为什么。当我开始写这本书，脑子里就有了个特别的问题：女人和鞋子之间到底有什么玄机？迹象比比皆是，我的研究越深入，它们就越明晰。最后我终于有了答案，这不仅是因为我研究了那些历史故事，并试图去发掘其中的含义，也和我自己与鞋子的关系有关。自打我开始动笔，我和鞋子的关系也发生了巨大的改变。

我愿意把过去的几年说成是我对自己关于鞋子的切身迷恋这件事的自我觉醒。回过头来看，这种迷恋深深植根于我的童年，但也正是在过去的几年间，我才大张旗鼓地变成了一个彻头彻尾的鞋子狂。

所谓真正的鞋子迷，我头脑中想象的形象是：她是我在派对上见过一次的女孩，会腼腆地承认她的电子邮件地址是Shoe_Obsessed @ blank.com，或者她是凯莉·布拉德肖，愿意不惜血本地成为拥有收藏级鞋子的人，鞋柜里摆满崭新的马诺洛·布拉尼克或吉米·周。她不可能是一个住在布鲁克林的二十几岁的普通女孩，卧室的墙上摆着一排排的靴子，有牛仔风格的靴子，有镶大扣子的靴子，有尖头靴子，有齐膝高系带靴子，还有齐踝带拉链的靴子，多到能把人绊倒。我有那么多靴子，男友很自豪地把它们当作装饰品，第一次来我公寓的客人，看到它们也都忍不住发出感慨。这些靴子我不一定都要穿，每次当我要挑出一双鞋扔掉时，都会感觉到一种离别的焦虑带来的奇怪冲击，就像是要我和一个疏远了很久但又刚刚恢复联系的朋友断绝关系。

回想起来，这是从我很小时候就有的迷恋，比起粉红色的漆皮玛丽·珍皮鞋，我更喜欢火红色的高帮锐步运动鞋和很小码的卡特彼勒（Caterpillar）工地靴。到1993年，这种迷恋达到了新高度，我向朋友借了双尺码对我来说过于瘦小的八孔黑色亚光马丁医生1460靴，用它们搭配每一种衣服，leggings、牛仔裤、迷你裙、毛边牛仔热裤，甚至压绉天鹅绒细吊带连衣裙，几乎每个周六晚上都穿着它们去参加成人礼。我太喜欢这双鞋子了——皮子闻起来的味道，穿起来鞋面感觉松弛但鞋帮又能牢固地包住脚踝，有弹性的鞋底舒服地贴合着我的脚弓。那时的我处于青春期，是个书虫，生性腼腆，在我的一生中还没有任何东西能像这双鞋一样让我感到强大，就好像如果有个合适的机会，我就能偷得科特·柯本的吻，或者至少能说服他把我拉上舞台，在涅槃乐队的演唱会上给他伴唱。

我定了个更容易实现的目标，那一年的圣诞节，我想办法说服母亲给我买了一双属于自己的合脚的马丁医生1460靴，从此以后我就上了瘾。14岁生日的时候，我索要的是玛丽·珍款的马丁医生鞋；几年后，垃圾摇滚已经成为遥远的记忆，我索要的是更有攻击性的20个孔的高帮款马丁医生靴，穿这双鞋光系鞋带也要花20分钟。我自豪地穿着这样的鞋子走来走去，那时候我高中里的大多数女孩子还穿着紧身黑裤子，配史蒂夫·马登的松糕鞋。我热爱我那蛮憨的钢头踢死牛鞋，所以在我长大后，才如此欣然地接受了更宽泛的女性气质。我把这些鞋子看作时间胶囊，它们记录了我成长时期的关键时刻，它们是那个年轻的不同凡响的自我的纪念物。

回首过去的时光，我开始真正认识到是什么让鞋子如此令人爱恋。鞋子给人提供了无与伦比的自我表达的机会，允许穿它们的人定义自己，再把信息传达给世界。在任何时候，确切地知道你是谁，或想要成为谁，并且因为自己作出了选择而信心百倍，再没有什么比这个感觉更美妙的了。每天早上，在我们穿衣打扮时，鞋子都以轻松、不那么咄咄逼人的——我还应该指出，不是以革命性的方式给了我们这样的机会。它们和衣柜里的其他服饰完全不同，因为总的来说，服装的选择仍然受到穿衣规范和社会习俗的支配，而鞋子，其各式各样的选择每一种都有很大程度的可接受性，即便是在最古板的环境中，也允许人们展现个性。

鞋子让一个十几岁的女孩试着发出她是谁的宣言，在长大之后，她显然要以更高的代价作出更大更深远的决定。我的幸运不仅仅在于我的父母欣赏自我表达，也在于我生长在这样的一个时代。这个世界珍视社会的多样性，而不是单一化。写这本书让我深感幸运生活在这样的时代，这样的文化承认并非每一个女人都想穿同样的鞋子，同理，她们也不想过千篇一律的生活。潮流来来去去，但我坚定地相信，我们绝不会回到那个只有一款或两款鞋才是合适的年代（最重要的是，如果大多数消费者想要有花样繁多的鞋子，这对生产商来说是很有利润的）。

在我写这本书之际，系带的靴子，还有勃肯鞋、松糕鞋、爬行鞋、高水台木底高跟鞋，这些在我少女时代流行的鞋子又回潮了，其实它们在20世纪90年代曾经回暖过一次。这让我知道了紧随2008年经济危机之后，女人开始穿着5英寸高的鞋跟和其他夸张的、极有表现力的鞋子，穿着上的反应实际上是某种对于政治、社会、经济不稳定的集体性意见表达。这个时代和20世纪90年代早期相似，另类看起来似乎比主流更有希望，消费者们希望通过穿这种丧失了美感、粗野强硬地表达各种反抗的鞋子，让自己认同所谓的“另类”。

这些都会过去，焦虑的氛围也会散尽。但在不远的将来，选择鞋子仍然会是我们表达个人决定权和个性的可靠的方式，即便是在绝大多数事物都完全超出自己掌控之外的最艰难的时刻。鞋子已经变得像是电话那头的一个老朋友，她能帮我们更清楚地认识自己，这对我来说绝不是小事一桩，事实上，这非常美妙。

雷切尔·博格斯泰因

2011年6月14日于纽约布鲁克林

图书在版编目(CIP)数据

鞋的故事：它如何塑造了我们 / (美) 蕾切尔·博格斯泰因 (Rachelle Bergstein) 著；李孟苏，陈晓帆译；邸超绘. -- 重庆：重庆大学出版社，2023.6（万花筒）

书名原文：Women from the ankle down：The story of shoes and how they define us

ISBN 978-7-5689-3868-6

Ⅰ. ①鞋… Ⅱ. ①蕾… ②李… ③陈… ④邸… Ⅲ. ①鞋 - 历史 - 世界 Ⅳ. ①TS943-091

中国国家版本馆CIP数据核字(2023)第069335号

鞋的故事：它如何塑造了我们
XIE DE GUSHI：TA RUHE SUZAO LE WOMEN
[美] 蕾切尔·博格斯泰因（Rachelle Bergstein） 著
李孟苏　陈晓帆　译
邸超　绘

责任编辑：张　维　　书籍设计：M°°° Design
责任校对：王　倩　　责任印制：张　策

重庆大学出版社出版发行
出版人：饶帮华
社址：（401331）重庆市沙坪坝区大学城西路21号
网址：http://www.cqup.com.cn
印刷：天津图文方嘉印刷有限公司

开本：850mm × 1168mm　1/32　　印张：11.5　　字数：212千
2023年6月第1版　　2023年6月第1次印刷
ISBN 978-7-5689-3868- 6　　定价：69.00元

版贸核渝字（2018）第214号